测量学实验及应用

（修订版）

孙国芳　主编
姬玉华　主审

哈爾濱工業大學出版社

内容提要

本书共分四个部分，第一部分测量实验、实习须知，介绍了测量实验、实习的一般规定，测量仪器使用规则和注意事项；第二部分测量实验项目，对测量仪器的基本构造、使用方法、操作步骤以及测量数据处理均进行了较详细的介绍，新增加了电子数字水准仪、电子全站仪、GPS全球卫星定位系统接收机的使用；第三部分测量实习项目，一一列出了土建类各专业实习内容的测量工作；第四部分测量学作业，列有图根导线测量内业工作、地形图绘制和地形图应用的3个作业。

本书可作为土建类专业测量学实验教材，也可作为有关工程技术人员参考用书。

图书在版编目(CIP)数据

测量学实验及应用/孙国芳主编. —2 版. —哈尔滨：哈尔滨工业大学出版社，2013.3

ISBN 978 - 7 - 5603 - 2047 - 2

Ⅰ.①测… Ⅱ.②孙… Ⅲ.①测量学-实验-高等学校-教材 Ⅳ.①P2-33

中国版本图书馆 CIP 数据核字(2013)第 037382 号

责任编辑 贾学斌
出版发行 哈尔滨工业大学出版社
社　　址 哈尔滨市南岗区复华四道街 10 号　邮编 150006
传　　真 0451-86414749
网　　址 http://hitpress.hit.edu.cn
印　　刷 肇东市一兴印刷有限公司
开　　本 787mm×1092mm　1/16　印张 8.5　插页 1　字数 200 千字
版　　次 2004 年 8 月第 1 版　2013 年 3 月第 2 版
　　　　 2013 年 3 月第 1 次印刷
书　　号 ISBN 978-7-5603-2047-2
定　　价 25.00 元

再版前言

随着我国经济的发展，土建工程的建设也在日益加快。基本建设始终离不开测量工作，因此，具有测量知识和较高测量能力的人越来越被建设施工单位所重视。

测量学实验、实习是重要的实践性教学环节，哈尔滨工业大学测量教研室、实验室经历了40多年的实践教学，在教学中根据教学内容和教学资料汇编出校内讲义——“测量学辅助教材”，它是测量学课程建设成果的重要组成部分。

本书是在“测量学辅助教材”的基础上，为了适应开放性实验室的需要，便于同学自学并结合现有使用的仪器设备，将实践性教学内容重新编写而成。本教材经过教学实践，收到了良好的效果。全书共分为四部分，第一部分为测量实验、实习须知。第二部分为测量实验项目，讲述了水准仪、经纬仪的使用、检验、校正，水准测量、角度测量、钢尺量距和罗盘仪定向等基本测量步骤方法，以及经纬仪测绘地形图、道路圆曲线测设等内容；新增加了实验教学内容：电子数字水准仪、电子全站仪、全球定位系统（GPS）接收机等仪器的使用，以适应时代发展的需要。第三部分为测量实习项目，根据教学大纲及各专业应掌握的测量内容设置，主要有大比例尺地形图测绘，建筑物轴线测设与高程测设，管线纵断面图测绘，道路纵、横断面图测绘。第四部分为测量学作业，列出了图根导线测量内业、地形图绘制和地形图应用等作业。

本教材在编写过程中得到了姬玉华、夏冬君、邱志贤、张立群、孔凡玉、王世成等教研室全体老师的大力支持和帮助，并提出了许多宝贵意见，在此表示衷心的感谢。全书由姬玉华教授主审。

由于编者水平有限，书中难免存在疏漏及不妥之处，敬请使用本书的教师与读者批评指正。

编　者

2013年1月

目　　录

第一部分　测量实验、实习须知

测量学是一门实践性很强的技术基础课，测量实验、实习是测量学教学中不可缺少的实践环节，只有通过实验、实习和对测量仪器的亲自操作，包括进行安置、观测、记录、计算、写作实验报告、绘图等，才能真正掌握测量的基本方法和基本技能。因此，必须对测量实验、实习予以充分重视。

一、测量实验、实习的一般规定

(1) 实验、实习前，必须阅读《测量学》的有关章节及本书的相应测量实验项目。实验时必须携带本书和实验报告及所需的文具用品。

(2) 实验、实习时分别以小组为单位进行，组长负责组织和协调实验、实习工作，办理所用仪器备品的借用和归还手续。

(3) 实验、实习应在规定的时间和指定的场地内进行，不得无故缺席、迟到、早退；不得擅自改变地点或离开现场。

(4) 必须遵守实验室的“测量仪器备品的借用规则”。应该听从教师和实验室工作人员的指导，严格按照实验、实习的要求，认真、按时、独立地完成任务。

(5) 测量手簿应该用(2H 或 3H)铅笔正楷书写文字及数字，字迹要端正。在观测前，应先将仪器型号、编号、日期、天气、记录者、观测者、测站和已知数据等填写齐全。

(6) 记录者听取观测者读数后，应向观测者回报读数，以免记错。

(7) 记录数据若发现有错误，不准涂改，不准用橡皮擦拭，不准事后转抄(运算数据写错可用橡皮擦去重写)，而应该用细斜线划去错误数字，在原数字上方写出正确数字。观测数据的尾数不得更改。记录数据要完整(如水准尺读数 1.500，度盘读数 126°06′00″)，不可将零尾数省略。

(8) 每一测站观测完成后，必须立即进行计算和检核，确认无误后，方可迁站。

(9) 数据的运算中，按“4 舍 6 入、5 前单进、双舍”的规则进行凑整，如 1.426 4 m，1.425 6 m，1.426 5 m，1.425 5 m 等，这些数字若取至毫米位，则均可计为 1.426 m。

(10) 实验、实习结束后，应把观测记录和实验报告及实习成果交指导教师审阅，及时收装仪器备品，作必要的清洁工作，送归实验室检查验收，办理仪器退还手续。

二、测量仪器使用规则与注意事项

测量仪器是贵重的精密仪器，目前向电子化、数字化方向发展，其使用功能日益先进，价格也更为昂贵。对测量仪器必须正确使用、精心爱护和科学保养，这是作为测量工作者应具备的素质和技能，也是保证测量成果的质量、提高工作效率和延长仪器备品使用年限的必要条件。因此,在测量中必须严格遵守下列仪器备品的使用规则和注意事项。

(一) 仪器备品的借用

(1)以实验、实习小组为单位,凭学生证到实验室办理借用测量仪器和备品手续。

(2)按照本次实验项目或实习项目的要求借用仪器及备品。借用时,一定当场清点检查仪器备品的数量是否齐全,实物与清单是否相符,器件是否完好,如有缺损可以进行补领和更换。

(3)搬运前,必须检查仪器箱是否锁好;搬运时,必须轻取轻放,避免剧烈震动和碰撞。

(4)实验、实习结束后,应及时收装清点仪器备品,清除仪器备品上的泥土,特别是钢尺,必须擦净涂油,以防生锈,送归实验室检查验收。

(5)仪器设备若有丢失和损坏,应写出书面报告说明情况,进行登记,并按有关规定进行赔偿。

(二) 仪器的安置

(1)先将仪器的三脚架在地面安置稳妥,架头大致水平,高度适中,安置经纬仪的脚架必须与地面点大致对中,若为泥土地,应将脚架尖踩入土中,若为坚实地面,应防止脚架有滑动的可能性,然后打开仪器箱。

(2)仪器从箱中取出之前,一定要注意仪器在箱中的正确位置,以免仪器装箱时困难。

(3)取出仪器时,应先松开制动螺旋,用双手握住支架或基座,轻轻安放到三脚架架头上,一手握住仪器,一手旋紧连接螺旋,使仪器与三脚架连接牢固。

(4)安置好仪器以后,关闭仪器箱,防止灰尘等进入箱内。严禁坐在仪器箱上。

(三) 仪器的使用

(1)仪器安置在三脚架上之后,无论是否操作,必须有人看护,避免仪器被路过行人或车辆碰撞。

(2)仪器镜头上的灰尘,应该用软毛刷或镜头纸轻轻擦拭,严禁用手指或手帕等擦拭,观测结束后应及时套上物镜盖。任何时候都不应将望远镜瞄准太阳,以免灼伤眼睛。

(3)在阳光下观测,应撑伞防晒,雨天应禁止观测;对于电子测量仪器,在任何情况下均应撑伞防护。

(4)转动仪器时,应先松开制动螺旋,然后平稳转动;若仪器旋转手感有阻力时,不要使劲扳动,应查明原因。使用微动螺旋时,应先旋紧制动螺旋,制动螺旋的松紧要适度。微动螺旋不要旋到顶端。使用各种螺旋都应均匀用力,以免损伤螺纹。

(5)仪器在使用过程中发生故障,应及时向指导教师或实验室工作人员报告,不得擅自处理。

(四) 仪器的搬迁

(1)若距离较远,必须将仪器装箱后再迁站。

(2)若距离较近,可将仪器连同脚架一起迁站。迁站前,先检查连接螺旋是否旋紧,松开各制动螺旋,若是经纬仪,则将望远镜物镜向着度盘中心,取下垂球,均匀收拢三脚架腿,一手握住仪器基座或支架放在胸前，一手抱住脚架，稳步行走。严禁斜扛仪器，以防碰撞。

(3)迁站时，应带走仪器所有附件及备品等，防止丢失。

(五) 仪器的装箱

(1)仪器装箱前，应先将脚螺旋调至中段使其处于大致同高位置，清除仪器上的灰尘，套上物镜盖，松开各制动螺旋。一手握住仪器，一手松开连接螺旋，双手取下仪器。

(2)仪器放入箱内，使正确就位，试关箱盖，确认放妥后，再旋紧各制动螺旋并放入垂球，关箱上锁。若箱盖合不上，务必要调整仪器位置，切不可强压箱盖，以防损坏仪器。

(六) 仪器备品的使用

(1) 使用钢尺时，应使尺面平铺地面，防止扭转、打圈，防止人、车踩压，尽量避免钢尺沾水。量好一尺段前进时，必须将钢尺提起离地，携尺前进，不得将尺沿地面拖行，以免磨损尺面刻画甚至折断钢尺。钢尺用毕，应擦净并涂油防锈。

(2)皮尺的使用方法基本上与钢尺相同，但量距时使用的拉力应小于钢尺，皮尺沾水的危害更大，皮尺如果受潮，应晾干后再卷入盒内，卷皮尺时切忌扭转卷入。

(3)使用测图板时，应注意保护板面，不得乱写乱扎，不能施以重压。

(4)使用水准尺和标杆时，应注意防止受横向压力，防止竖立时倒下，防止尺面分划受磨损；使用塔尺时，应注意接口处的正确连接，用后及时收尺。标杆不可当棍棒来玩耍，也不可用来抬仪器和其他备品。

(5)小件备品(垂球、测钎、尺垫等)用完即收，防止丢失。

第二部分　测量实验项目

测量实验是《测量学》课堂教学期间随堂安排的实践性教学环节。通过测量实验，可加深学生对测量学基本概念的理解，初步掌握测量仪器的使用方法并领会操作要领，为后续课程的学习打好基础。本书列出的测量实验项目是按《测量学》学习的先后顺序安排的，并附有实验报告。实验项目由教师在每次布置实验课的任务时通知，使学生有可能预习，明确实验目的、内容和操作方法。

每项实验的学时数为2学时，实验小组人数一般为4人，但也应根据实验的具体内容以及仪器设备条件作灵活安排，以保证每人都能进行观测、记录、做辅助工作等实践。

每项实验应在观测时作现场记录，并作必要的计算；若发现实验结果不符合要求，应及时补做。实验结束后上交实验报告。

实验成绩占测量学考试课总成绩的30%。

实验一　水准仪的使用

一、目的与要求

(1) 了解 DS_3 型微倾式水准仪的构造，认识仪器的主要性能及各部件名称和作用。

(2) 练习水准仪的正确安置、瞄准、读数。

(3) 练习普通水准测量的施测、记录及计算方法。

二、计划与设备

(1) 实验时数为2学时，实验小组为4人，1人观测，1人记录，2人立尺，轮流作业。

(2) DS_3 型微倾式水准仪1台，水准尺1副，记录板1块，铅笔1支(2H或3H自备)。

三、方法与步骤

(一) 水准仪的认识与使用

1. 认识 DS_3 型水准仪的仪器构造及各部件名称

图1.1所示为 DS_3 型微倾式水准仪的外形和各部件名称。

2. 水准仪的安置和使用

(1)安置仪器：仪器所安置的地点称为测站。在测站上松开脚架伸缩螺旋，按需要调整架腿的高度，旋紧螺旋，张开架腿使架头大致水平并踩实架腿；打开仪器箱取出仪器(取出前注意仪器在箱中的安放位置)，一手握住仪器，一手将三脚架架头上的连接螺旋旋入仪器基座内(松紧适度)，关上仪器箱。

(2)粗平：水准仪粗平是通过旋转仪器的脚螺旋使圆水准器的气泡居中。如图1.2所

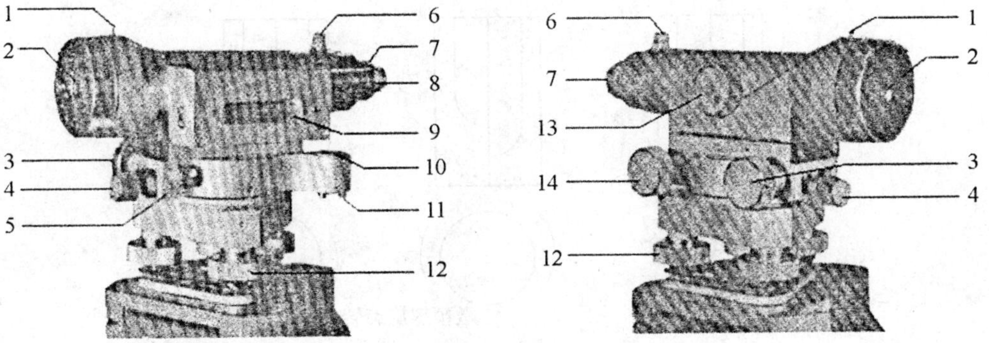

图 1.1　DS_3 型微倾式水准仪

1—准星；2—物镜；3—微动螺旋；4—制动螺旋；5—托板部分；6—缺口；7—望远镜目镜；8—水准管观察放大镜；9—水准管；10—圆水准器；11—圆水准器校正螺丝；12—脚螺旋；13—物镜调焦螺旋；14—微倾螺旋

示，按“左手拇指规则”(气泡移动方向与左手拇指转动方向一致)对向旋转一对脚螺旋(图1.2(a))，再旋转第三个脚螺旋使气泡居中(图 1.2(b))。这是整平测量仪器的基本功，必须反复练习。

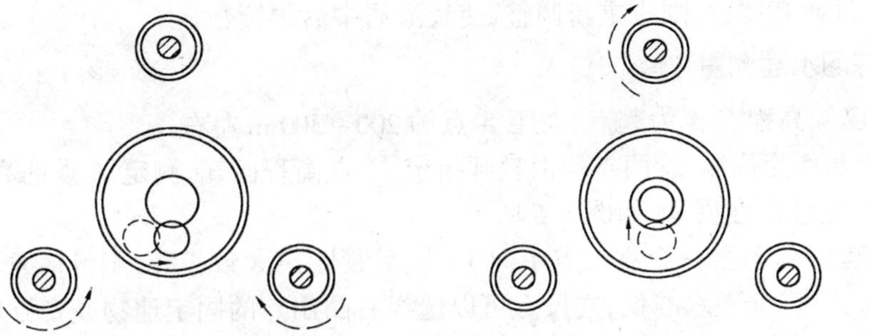

(a) 脚螺旋转动方向　(b) 第三个脚螺旋转动方向

图 1.2　圆水准器气泡的居中

(3)瞄准：旋转目镜调焦螺旋，使十字丝清晰；松开水平制动螺旋，在水平方向轻轻转动仪器，通过望远镜上的缺口和准星初步瞄准水准尺，旋紧水平制动螺旋；旋转物镜调焦螺旋使水准尺成像清晰；转动水平微动螺旋，使水准尺影像的一侧靠近十字丝纵丝(检查水准尺是否竖直)；眼睛略做上下移动，检查十字丝与水准尺分划影像间是否有相对移动(视差)；如果存在视差，则重新进行目镜调焦与物镜调焦，以消除视差。

(4)精平：确定水准管(管水准器)的水平位置，使水准仪的视线水平，是水准测量中关键性的一步。转动微倾螺旋，使水准管气泡居中，从目镜旁的气泡观察镜中，可以看到符合水准管气泡两个半边的影像，如图 1.3 所示，当两端的影像符合时，水准管气泡居中。注意微倾螺旋转动方向与水准管气泡影像移动方向的一致性。

(5)读数：在倒(正)像望远镜中看到水准尺的像是倒(正)立的，为了读数的方便，水准尺上的注记是倒(正)写的，在望远镜中看来注记是正的。尺上注记以 m(米)为单位，每隔 10 cm注字，每个黑色(红色)和白色的分划为 1 cm，根据十字丝的横丝可估读到毫米。数分划的格数时，应从小的注记数往大的注记数方向数，对于倒像望远镜，从上往下数，而正像望远镜，则从下往上数。

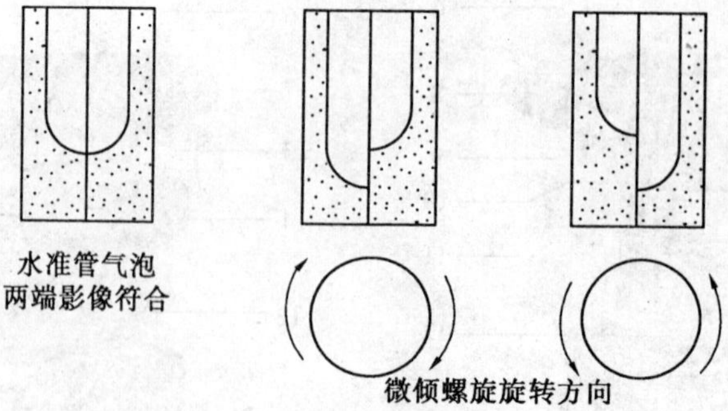

图 1.3　水准管气泡的居中

读取四位数,即直读米、分米、厘米、估读毫米,如图 1.4 所示的水准尺读数为 1.461 m。由于在水准尺上总是读出四位数,所以可简单地记为 1461,单位为 mm(若米位是零则用 0 占位,为 0461)。尺上注有 1 个点即表示 1 m,尺上注有 2 个点即表示 2 m……若没有点,则表示不到 1 m。

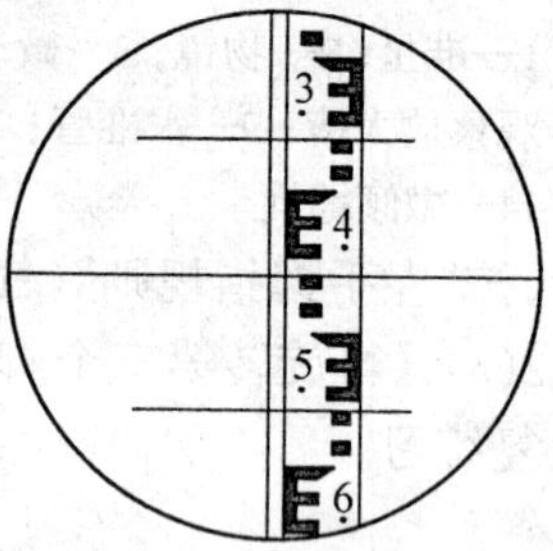

图 1.4　水准尺读数

读数后应立即观察在水准管(放大镜)内的气泡是否仍居中,如居中,读数有效;否则应重新调整,使气泡居中后再读数。

(二)练习水准测量

(1) 从已知高程点 A 为起点,在距 A 点约 200 ~ 300 m 左右选定另一点 B 作为待测点(两点均由教师指定,A 点高程已知,测定 B 点的高程),其间再设置 4 站,进行连续水准测量,如图 1.5 所示。

(2) 在起点 A 与第一个立尺点中间(前、后视距离大致相等,用目估或步测,视线长度以 20 ~ 30 m 为宜)安置水准仪,立尺点可以选择有凸出点的固定地物或安放尺垫,观测者按下列顺序观测:

后视立于水准点 A 上的水准尺,瞄准、精平、读数 a_1;

前视立于第一转点 P_{T1}上的水准尺,瞄准、精平、读数 b_1。

(3) 依次设站,用相同的方法进行观测,直至 B 点。

(4) 观测者的每次读数,记录者应复述并当场记录;后视、前视读毕,应立即计算高差,即 $h_i = a_i - b_i$。

(5) 计算并检核:两点间高差 $h_{AB} = \sum h_i = \sum a_i - \sum b_i$;$B$ 点高程 $H_B = H_A + h_{AB}$。

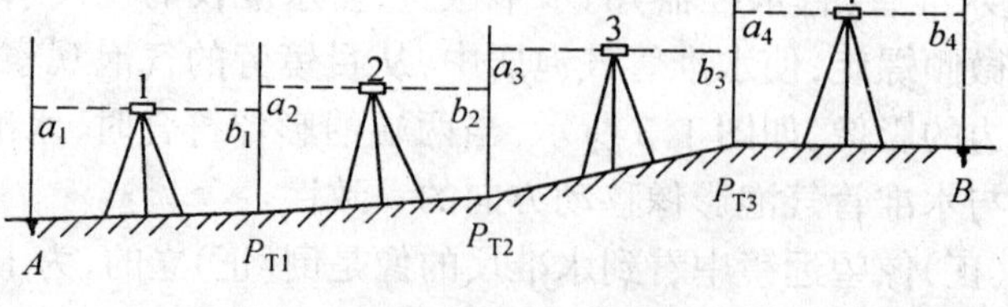

图 1.5　连续水准测量

四、注意事项

(1) 仪器安放到三脚架上，必须旋紧连接螺旋，检查是否连接牢固。

(2) 水准仪在每次读数前，必须精平(使水准管气泡严格居中)。

(3) 瞄准目标必须消除视差；每个测站前、后视距离尽量相等。

(4) 水准尺读数应从小数向大数增加方向读；必须读4位数：m,dm,cm,mm；不到1 m的读数，第一位数为0；如为整分米、整厘米读数时，相应的位数也应补0。

(5) 在水准测量中，相邻前、后两站观测中的转点位置不得变动。

实验二　水准测量(双仪高法或双面尺法)

一、目的与要求

(1) 了解AL25A或DS2000型自动安平水准仪的构造，认识仪器的主要性能及各部件名称和功能。

(2) 学会从已知高程点 *A* 起，用双仪高法(或双面尺法)进行往返水准路线测量，测得 *B* 点的高程。

(3) 掌握计算方法，算出 *B* 点高程。

二、计划与设备

(1) 实验时数为2学时，实验小组为4人，轮流分工为：1人操作仪器，1人记录，2人立水准尺。

(2) AL25A或DS2000型自动安平水准仪1台，水准尺1副(塔尺或双面水准尺)，尺垫2只，记录板1块，铅笔1支(2H或3H，自备)。

三、方法与步骤

(一)自动安平水准仪的使用

图2.1为DS2000型自动安平水准仪的外形及各部件名称。

自动安平水准仪利用圆水准器粗平仪器，仪器中的补偿棱镜在重力的作用下自动调整仪器视线水平(精平)，操作较一般水准仪简便，又可防止一般水准仪在操作中忘记精平的失误，其操作步骤如下。

1.安置仪器

选好测站，安放三脚架，使架头大致水平，高度适中；将水准仪安装在架头上，旋紧架头上的连接螺旋，固定好仪器。

2.粗平

按“左手拇指规则”旋转仪器脚螺旋，使圆水准器的气泡严格居中，使补偿棱镜在补偿范围内自动调整视准轴水平。

3.瞄准

轻轻在水平方向上转动仪器(该仪器无制动螺旋)，使望远镜上的瞄准器指向水准尺，转

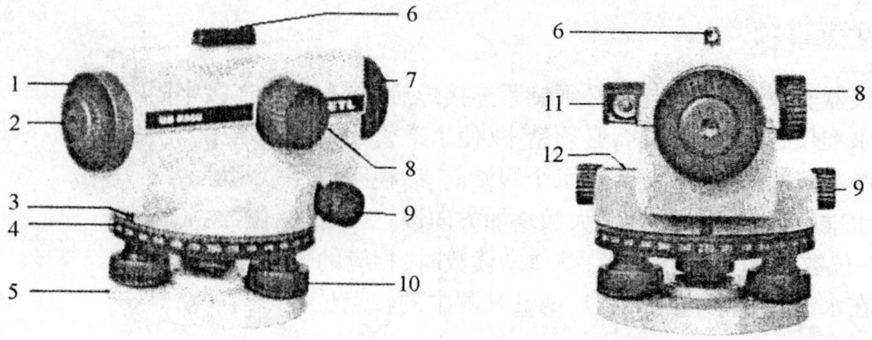

图 2.1　DS2000 型自动安平水准仪

1—分划板校正螺丝护罩；2—目镜；3—度盘指示；4—度盘手轮(外度盘)；5—基座；6—光学瞄准器；7—物镜；8—物镜调焦螺旋；9—水平微动螺旋；10—脚螺旋；11—反光镜；12—圆水准器

动水平微动螺旋在望远镜中瞄准目标；调焦目镜使十字丝清晰，调焦物镜使水准尺分划清晰；检查是否存在视差，如有视差，则再对光调焦。

4.读数

在自动安平水准仪的望远镜中看到水准尺的像是正像，读数时从下往上数。读数与一般水准仪相同。

(二)双仪高法

(1) 以已知高程点 A 为起点，在距其约 200～300 m 左右选定另一点 B 作为待测点（两点均由教师指定)，其间设置 4 站，进行连续测量，并进行往测。

(2) 在起点与第一个立尺点中间（前、后视距离大致相等，用目估或步测，视线长度以 20～30 m 为宜)安置水准仪，立尺点可以选择有凸出点的固定地物或安放尺垫，观测者按下列顺序观测：

① 后视立于水准点 A 上的水准尺，瞄准、自动精平、读数 a_1；

② 前视立于第一转点 P_{T1}上的水准尺，瞄准、自动精平、读数 b_1；

③ 改变水准仪的仪器高度 10 cm 以上，重新安置仪器；

④ 前视立于第一转点 P_{T1}上的水准尺，瞄准、自动精平、读数 b'_1；

⑤ 后视立于水准点 A 上的水准尺，瞄准、自动精平、读数 a'_1。

(3) 依次设站，用相同的方法进行观测，直至 B 点(图 2.2)。

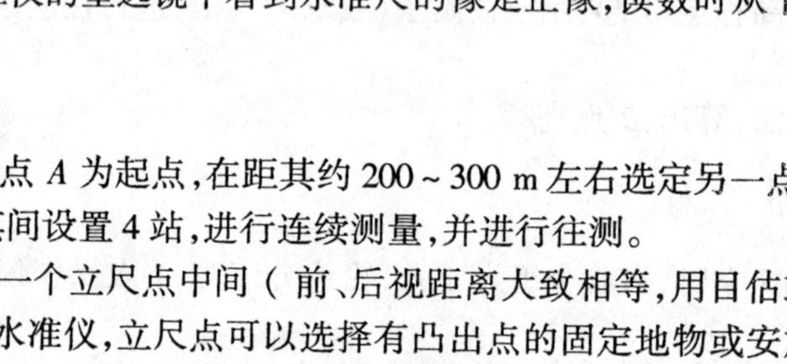

图 2.2　双仪高法水准测量

(4) 观测者的每次读数，记录者应复述并当场记录；后视、前视读毕，应立即计算高差 $h_i = a_i - b_i$，$h'_i = a'_i - b'_i$，并做测站检核 $\Delta h = h_i - h'_i \leqslant \pm 6$ mm，取平均高差

$\overline{h}=\frac{1}{2}(h_i+h'_i)$；若测站检核超限应重测。往测高差 $h_{往}=\sum\overline{h}_{往}$。

(5) 与往测同法，由 B 点向 A 点进行返测，返测高差 $h_{返}=\sum\overline{h}_{返}$。

(6) 计算检核、高差闭合差、高差及高程的计算：

① 计算检核：$\sum a_i-\sum b_i=\sum h_i, \frac{1}{2}\sum(h_i+h'_i)=\sum\overline{h}$；

② 高差闭合差(mm)：$f_h=\sum\overline{h}_{往}+\sum\overline{h}_{返}, f_{h容}=\pm 12\sqrt{n}$（$n$ 为往、返测站数的平均数），若 $f_h\leqslant f_{h容}$，则进行下一步，否则重测；

③ 高差：$h_{AB}=\frac{1}{2}(\sum\overline{h}_{往}-\sum\overline{h}_{返})$；

④ 高程：$H_B=H_A+h_{AB}$。

(三)双面尺法

每个测站观测步骤如下：

(1) 瞄准后视黑面尺、自动精平、读数 $a_{黑}$；

(2) 瞄准前视黑面尺、自动精平、读数 $b_{黑}$；

(3) 前视尺翻转尺面，瞄准、自动精平、读数 $b_{红}$；

(4) 后视尺翻转尺面，瞄准、自动精平、读数 $a_{红}$。

其他步骤与要求均与双仪高法相同。在计算红面尺高差时，因同一副尺的红面尺零点分别为 4 687、4 787，高差有 100 mm 的常数差，因此在与黑面尺高差进行比较或取高差平均值时，红面高差应加或减 100 mm(取正、负号时以黑面尺高差为准)。

四、注意事项

(1) 当用水准仪瞄准、读数时，水准尺必须立直。尺子的左、右倾斜，观测者在望远镜中根据十字丝可以判断，而水准尺的前后倾斜则不易察觉，立尺者应注意。

(2) 每站观测完毕后，必须及时进行计算，检核满足要求后才能搬站。

实验三　四等水准测量

一、目的与要求

(1) 掌握四等水准测量的施测、记录和计算方法。

(2) 熟悉四等水准测量的技术要求，掌握测站及水准路线的检核方法。

二、计划与设备

(1) 实验时数为 2 学时，实验小组为 4 人，轮流分工为：1 人观测，1 人记录，2 人立尺。

(2) 实验设备为 DS_3 型水准仪或 AL25A 型自动安平水准仪 1 台，双面水准尺 1 副，尺垫 2 只，记录板 1 块，铅笔自备。

三、方法与步骤

(一) 了解四等水准测量的方法

四等水准测量是小地区布设高程控制网的常用方法,是指在每个测站上只安置一次水准仪,分别在水准尺的黑、红两面刻画上读数,测得两次高差,进行测站检核。除此以外,还有其他一系列的检核。

(二) 四等水准测量的施测

从已知高程点出发,选定一条支水准路线往、返测量,路线长度为 200 ~ 300 m,设置 4 ~ 6 个测站,视线长度为 30 m 左右。立尺点可以选择有凸出点的固定地物或安放尺垫。

安置水准仪的测站点至前、后视立尺点的距离(用步测或用视距测量)应大致相等。在每一测站,按下列顺序进行观测:

(1)瞄准后视水准尺黑面,读上、下丝读数①②;精平,读中丝读数③;

(2)瞄准前视水准尺黑面,读上、下丝读数④⑤;精平,读中丝读数⑥;

(3)前视水准尺红面,精平,读中丝读数⑦;

(4)瞄准后视水准尺红面,精平,读中丝读数⑧。

记录者在"四等水准测量记录"手簿中,按手簿标明的次序① ~ ⑧记录各个读数,四等水准测量观测顺序也可采用:"后、后、前、前"。

(三) 测站检核及高差计算

手簿中的⑨ ~ ⑯为计算结果:

(1)后视距离⑨ = 100 × {① − ②};

(2)前视距离⑩ = 100 × {④ − ⑤};

(3)前、后视距差应满足⑪ = ⑨ − ⑩ ≤ ±5 m;

(4)∑视距差应满足⑫ = ∑⑪ ≤ ±10 m。

* 上述结果满足要求后可进行下面计算,否则应调整仪器重新进行上述观测。

(5) 前视尺红、黑面较差应满足⑬ = ⑥ + K_2 − ⑦ ≤ ±3 mm;

(6)后视尺红、黑面较差应满足⑭ = ③ + K_1 − ⑧ ≤ ±3 mm;

(7)黑面尺高差⑮ = ③ − ⑥;

(8)红面尺高差⑯ = ⑧ − ⑦;

(9)红、黑面高差之差应满足⑰ = ⑮ − ⑯ ± 100 = ⑭ − ⑬ ≤ ±5 mm。

* 上述结果满足要求后,计算高差平均值,否则重新观测。

(10)平均高差⑱ = $\frac{1}{2}${⑮ + ⑯}。

* K_1、K_2为水准尺红黑面分划零点常数差,通常为 4 687 mm 及 4 787 mm,计算高差时红面尺高差加或减 100 mm,以黑面高差为主。

四等水准测量的技术限差规定如表 3.1 所示。

表 3.1　四等水准测量的技术限差

视线高度/m	视距长度/m	前后视距差/m	前后视距累计差/m	红黑面读数差/mm	红黑面高差之差/mm
>0.2	≤80	≤±5	≤±10	≤±3	≤±5

每站读数结束后(①~⑧),随即进行各项计算(⑨~⑯),并按表 3.1 进行各项检验,满足限差要求后才能搬站。

依次设站,用相同方法进行观测,直至线路终点。

(四) 水准路线计算

(1)路线总长度 $L=\sum⑨+\sum⑩$;

(2)分别计算路线往测高差 $h_{往}$、返测高差 $h_{返}$;

(3)往返高差闭合差 $f_h=\sum h_{往}+\sum h_{返}$;$f_{h容}=\pm 20\sqrt{L}$。$L$ 为单程路线长,单位以 km 计。

(4)高差闭合差满足要求,计算往返平均高差 $\overline{h}=\frac{1}{2}(\sum h_{往}-\sum h_{返})$

四、注意事项

(1) 四等水准测量有更严格的技术规定,要求达到更高的精度,其关键在于:前、后视距要基本相等(在限差以内);从后视转为前视(或相反)望远镜不能重新调焦;视线离地面高度不小于 0.2 m。水准尺应完全竖直,最好用附有圆水准器的水准尺。

(2) 每站观测结束,应立即进行计算和检核,若有超限,则应重测。当测完全程后,高差闭合差必须在容许范围内,方可结束实验。

实验四　水准仪的检验与校正

一、目的与要求

(1) 了解水准仪各轴线间应满足的几何条件。

(2) 掌握 DS_3 型水准仪的检验与校正方法。

二、计划与设备

(1) 实验时数为 2 学时,实验小组为 4 人,轮流分工为:1 人观测、检校,1 人记录,2 人立尺。

(2) 实验设备为 DS_3 型水准仪 1 台,水准尺 1 副,皮尺 1 把,尺垫 2 个,小螺丝刀 1 把,校正针 1 根,记录板 1 块,铅笔自备。

三、方法与步骤

(一) 了解水准仪的轴线及其应满足的几何条件

如图 4.1 所示，CC 为望远镜视准轴，LL 为水准管轴，L′L′ 为圆水准器轴，VV 为竖轴。水准仪必须提供一条水平视线。因此，水准仪的视准轴必须平行于水准管轴（ LL∥CC ），这是水准仪应满足的主要条件。此外，水准仪还应满足以下两个条件：① 圆水准器轴平行于竖轴（ L′L′∥VV ）；② 十字丝横丝垂直于竖轴。

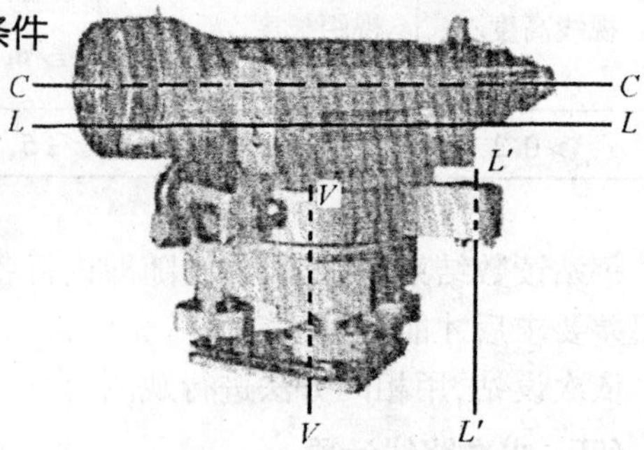

图 4.1　水准仪的轴线

(二) 一般性检验

安置仪器后，首先检验三脚架稳定性，制动及微动螺旋、微倾螺旋、脚螺旋、调焦螺旋等是否有效，望远镜成像是否清晰。

(三) 轴线几何条件的检验与校正

1.圆水准器轴平行于竖轴（L′L′∥VV）的检验与校正

检验：旋转脚螺旋，使圆水准器气泡居中，将水准仪绕竖轴旋转 180°，若气泡仍居中，说明 L′L′∥VV 的条件满足，否则需要校正。

校正：先稍微松一下圆水准器底部中央的固定螺丝，再拨动圆水准器的校正螺丝，使气泡返回偏移量的一半，然后转动脚螺旋使气泡居中。重复检校，直至水准仪转至任何方向圆水准器气泡均居中为止，最后旋紧固定螺丝。

2.十字丝横丝垂直于竖轴的检验与校正

检验：整平水准仪，用十字丝横丝一端瞄准某一明显目标 P（或水准尺读数），旋转水平微动螺旋，若目标始终在横丝上移动（或读数不变）如图 4.2(a)、(b)所示，说明十字丝横丝垂直于仪器竖轴，否则，如图 4.2(c)、(d)所示需要校正。

校正：旋下十字丝分划板座护罩，如图 4.3 所示，用小螺丝刀旋松十字丝分划板座固定螺丝，微微转动十字丝分划板座，使目标始终与横丝重合为止，旋紧十字丝分划板座固定螺丝，旋上护罩。

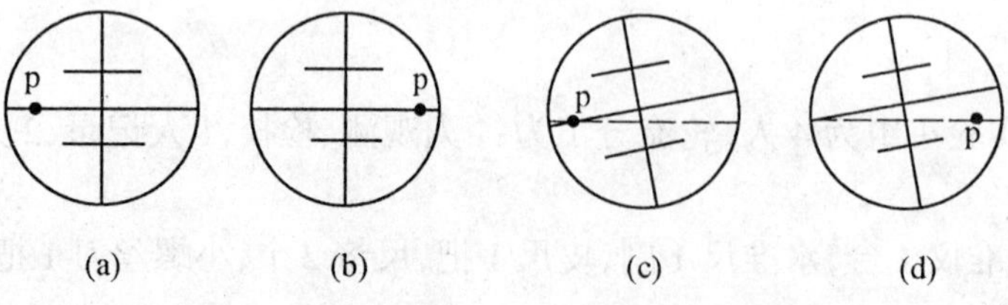

图 4.2　十字丝的检验

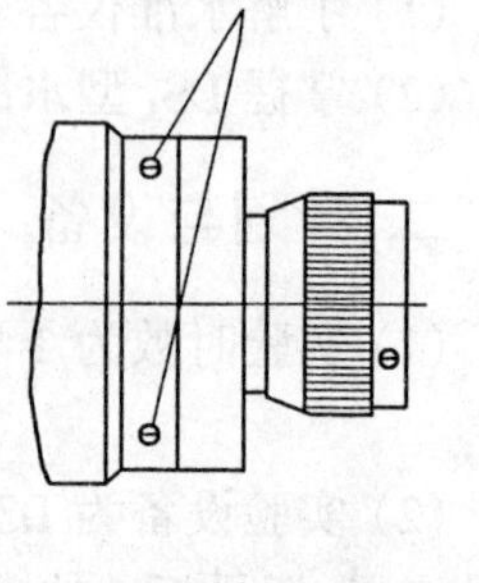

图 4.3　十字丝的校正

3.水准管轴平行于视准轴（LL∥CC）的检验与校正。

检验：如图 4.4 所示，在平坦地面上选定相距 60～80 m 的 A、B 两点（打木桩或安放尺垫)，立水准尺。将水准仪安置于 AB 的中点，精平仪器后分别读取 A、B 点水准尺的读数 a_1、b_1；改变仪器高度(或双面尺)，再重读两尺读数 a'_1、b'_1；两次分别计算高差，高差之差在 3 mm 以内，则取其平均值，作为 A、B 两点的正确高差，用 h_{AB}表示，即

$$h_{AB} = \frac{1}{2}[(a_1 - b_1) + (a'_1 - b'_1)]$$

将水准仪移至 B 点附近 2～3 m 处，安置仪器，精平后分别读取 A、B 点水准尺的读数 a_2、b_2，又测得高差 $h_2 = a_2 - b_2$，如果 $h_2 = h_{AB}$，则说明水准管轴平行于视准轴；否则，应计算出 A 尺的正确读数 $a'_2 = h_{AB} + b_2$，其误差 $\Delta h = a_2 - a'_2$，则视准轴与水准管轴的交角(视线的倾角) i 为

$$i = \frac{\Delta h}{D_{AB}} \cdot \rho$$

式中，$\rho = 206\ 265''$，D_{AB}为 AB 两点间距离。当 $i > 20''$时，需校正。

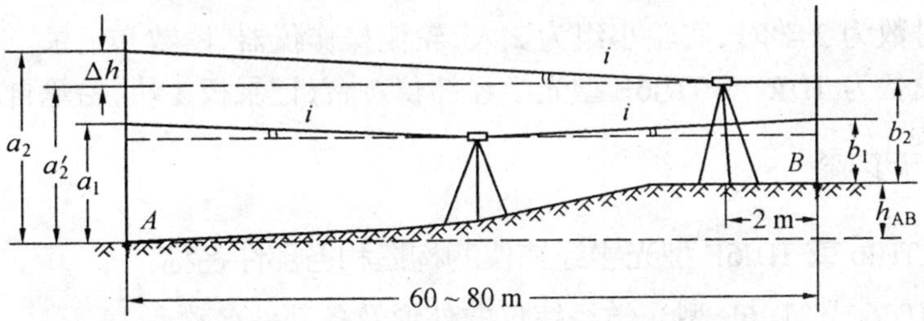

图 4.4　检验水准管轴平行与视准轴

［校正方法一］　校正水准管：旋转微倾螺旋，使十字丝的横丝对准 A 尺上的读数 a'_2，视准轴已水平，这时水准管气泡不居中，产生了偏移，用校正针拨动水准管上、下两个校正螺丝，使气泡恢复居中(水准管轴水平)，旋紧校正螺丝。重复上述步骤直至 $i < 20''$为止。

［校正方法二］　校正十字丝：旋下十字丝分划板护罩，用校正针拨动十字丝环上、下两个校正螺丝，移动十字丝分划板，使横丝对准 A 尺上的正确读数 a'_2，校正时要保持水准管气泡居中。

4. 自动安平水准仪的检验校正

圆水准器轴平行于竖轴及十字丝横丝垂直于竖轴的检验和校正与一般水准仪相同。当圆水准器气泡居中时，视线水平的检验与一般水准仪的水准管轴平行于视准轴的检验相同，校正只能校正十字丝。

自动安平水准仪还应增加一项补偿器棱镜的功能是否正常的检验：瞄准水准尺并读数，用手轻击三脚架架腿，可看到十字丝产生震动(或稍稍转动任一脚螺旋，园水准器气泡仍然保持在居中位置)，若十字丝的横丝仍瞄准原来的读数，则说明补偿器棱镜的功能正常。

四、注意事项

(1) 必须按实验步骤规定的顺序进行检验校正，不能任意颠倒。

(2) 转动校正螺丝时应先松后紧，松紧适度；校正完毕的螺丝应处于稍紧状态。

(3) 仪器检验与校正是一项难度较大的细致工作，必须经严格检验，确认需要校正时，才能进行，决不可草率从事。检校仪器时需重复进行，直到满足要求为止。

(4) 需用校正针校正时,校正针粗细应与校正螺丝孔径相适应,否则,会损坏校正螺丝孔径。

实验五　光学经纬仪(TDJ6、TDJ6E)的使用

一、目的与要求

(1) 了解 TDJ6 或 TDJ6E 型光学经纬仪的基本构造及主要部件的名称和作用。
(2) 掌握经纬仪的基本操作方法——对中、整平、瞄准、读数。
(3) 练习水平角测量方法。

二、计划与设备

(1) 实验时数为 2 学时,实验小组为 2 人,轮流操作仪器、读数和记录。
(2) 实验设备为 TDJ6 或 TDJ6E 型光学经纬仪 1 台,记录板 1 块,铅笔自备。

三、方法与步骤

(一) 认识 TDJ6 或 TDJ6E 型光学经纬仪的构造和各部件名称

图 5.1 为 TDJ6 或 TDJ6E 型光学经纬仪的外形及各部件名称。

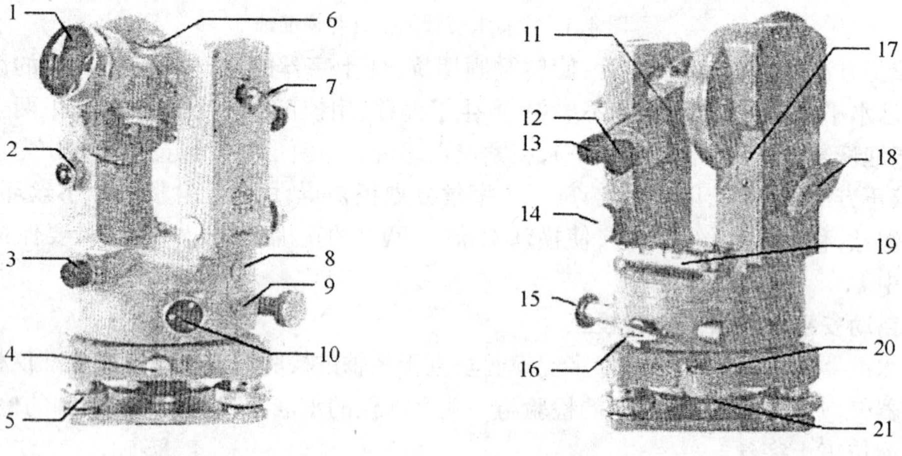

图 5.1　TDJ6 或 TDJ6E 型光学经纬仪

1—望远镜物镜; 2—补偿器锁紧轮; 3—光学对中器目镜; 4—基座锁紧轮; 5—脚螺旋;6—瞄准器; 7—望远镜制动螺旋; 8,9—堵盖;10—水平度盘变换手轮; 11—望远镜物镜调焦螺旋;12—望远镜目镜; 13—读数显微镜; 14—望远镜微动螺旋; 15—水平微动螺旋; 16—水平制动螺旋; 17—指标差盖板; 18—反光镜; 19—照准部水准管; 20—基座圆水准器; 21—圆水准器校正螺丝

(二) 经纬仪的使用

在指定的地面点上,安置经纬仪当做测站点,观测指定的目标。

1.对中

经纬仪的对中是把仪器的旋转中心安置在通过测站点的铅垂线上。有用垂球对中和光

学对中器对中两种方法。本实验先练习垂球对中。

垂球对中:同时旋松三脚架腿上的三个伸缩固定螺旋,升高三脚架(一般与肩同高),同时旋紧三个伸缩固定螺旋;张开三脚架,挂上垂球,平移三脚架,使垂球尖大致对准测站点并保持三脚架架头大致水平。从仪器箱中取出经纬仪,双手放到三脚架架头上,一手握住仪器支架,一手旋上连接螺旋(稍松),在架头上平移仪器,使垂球尖准确地对准测站点标志中心,误差在 3 mm 以内,旋紧连接螺旋。

光学对中:光学对中器的视线铅垂有赖于仪器的整平,因此,对中和整平是同时进行的。三脚架放在测站点位的上方,用光学对中器的目镜调焦,使分划板清晰,再拉伸对中器镜管,使能同时看清地面上测站点和目镜中的分划板;踩紧操作者对面的三脚架腿,目视对中器目镜,用双手将其他两只脚架腿略微提起移动,使镜中分划板中心对准测站点,将两脚架腿轻轻放下并踩紧,镜中分划板十字丝中心与测站点若略有偏离 ,则可旋转脚螺旋使其重新对准;然后伸缩三脚架的架腿(注意架腿不要离地),使基座上的圆水准器气泡居中,初步完成了仪器的对中与粗平;整平水准管气泡,再观察对中器目镜,若分划板十字丝中心与测站点又有偏离,则可略旋松连接螺旋,平移基座使其精确对中,误差在 1 mm 之内,旋紧连接螺旋。(仪器使用熟练以后再练习光学对中)

2.整平

按“左手拇指规则”转动脚螺旋,使圆水准器气泡居中(方法与水准仪相同)。转动照准部,使水准管与一对脚螺旋平行,如图 5.3(a)所示,按图示方向(左手拇指规则)转动两个脚螺旋,使气泡居中;将照准部旋转 90°,如图 5.3(b)所示,仍按“左手拇指规则”旋转第三个脚螺旋,使气泡居中。以上步骤重复进行 1 ~ 2 次,使照准部旋转到任何位置水准管气泡的偏离不超过 1 格。

(a) 两个脚螺旋转动方向　　(b) 第三个脚螺旋转动方向

图 5.3　水准管气泡的居中

3.瞄准

松开照准部上的水平制动螺旋和望远镜制动螺旋,旋转照准部,用望远镜上的瞄准器对准目标,使其位于望远镜的视场内,旋紧望远镜制动螺旋和水平制动螺旋。目镜调焦,使十字丝清晰;物镜调焦,使目标像清晰,消除视差(与水准仪操作相同)。旋转望远镜微动螺旋,尽量对准目标底部;旋转水平微动螺旋,使目标像被十字丝的单根纵丝平分或双根纵丝夹准。

4.读数

打开反光镜,调整反光镜的位置,使读数窗亮度适当;旋转读数显微镜的目镜调焦螺旋,使度盘与分微尺的影像清晰。

TDJ6 或 TDJ6E 型光学经纬仪一般采用分微尺读数，先读出在分微尺 0′～60′刻划范围内的度盘分划线注记读数，再加上分微尺零分划线至度盘分划线间的读数（估读至分微尺最小分划的 0.1 格即 6″）。如图 5.4 所示，有两个读数窗口，标明 H 的为水平度盘读数（126°05′.7＝126°05′42″）；标明 V 的为竖直度盘读数（86°33′.4＝86°33′24″）。

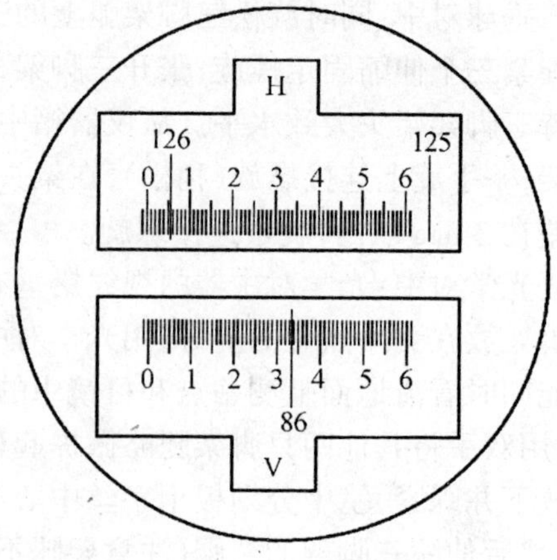

图 5.4　分微尺度盘读数

5. 水平度盘归零

瞄准目标后，按下水平度盘变换手轮卡簧并将变换手轮按入，转动变换手轮，从显微镜目镜中观察水平度盘读数的变化，并试对准某一整数度数，如 0°00′00″或稍大于 0°，90°00′00″或稍大于 90°的位置等，并按下卡簧将变换手轮弹出，注意动手要轻否则很难归零。

（三）练习观测水平角

设测站点为 N，左方向目标为 A，右方向目标为 B，测定水平角 β（图 5.5），步骤如下：

1. 盘左（竖直度盘在望远镜左边）

瞄准左方向目标 A，读取水平度盘读数 a_L，记录读数；顺时针旋转照准部瞄准右目标 B，读取水平度盘读数 b_L，记录读数。

2. 盘右（竖直度盘在望远镜右边）

瞄准右方向目标 B，读取水平度盘读数 b_R，记录读数；逆时针旋转照准部瞄准左方向目标 A，读取水平度盘读数 a_R，记录读数。

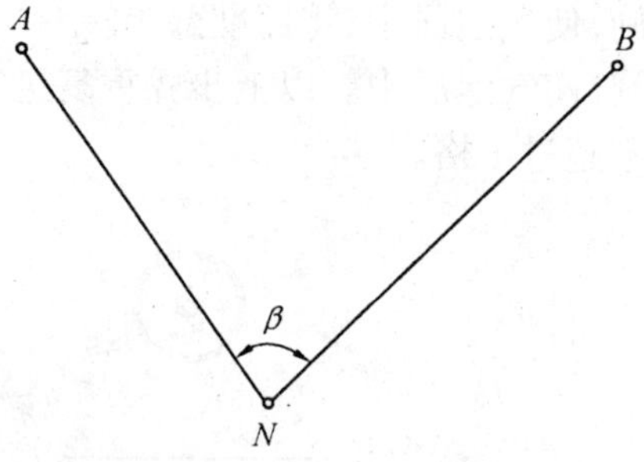

图 5.5　左、右方向和水平角

3. 计算水平角

盘左半测回水平角：$\beta_L = b_L - a_L$；

盘右半测回水平角：$\beta_R = b_R - a_R$（当 $\Delta\beta = \beta_L - \beta_R \leqslant \pm 40''$，满足要求）；

一个测回水平角：$\beta = \frac{1}{2}(\beta_L + \beta_R)$。

四、注意事项

(1) 经纬仪对中时，应使三脚架架头大致水平，否则会导致仪器整平困难。

(2) 经纬仪整平时，应检查照准部在旋转至任意方位时水准管气泡皆居中。

(3) 用望远镜瞄准目标时，必须消除视差。

(4) 用分微尺进行读数时，必须估读至 0′.1 并化为 06″，估读要准确；注意水平度盘变换手轮是否弹出。

(5) 水平角计算时无论是盘左还是盘右，均是右方向读数减左方向读数，若结果出现负值加 360°。

(6) 水平角观测练习的记录作为实验成果上交。

实验六　水平角观测与竖直角观测(测回法)

一、目的与要求

(1) 掌握用测回法观测水平角的操作、记录和计算方法。

(2) 掌握竖直角的观测、记录、计算和竖盘指标差的计算方法。

二、计划与设备

(1) 实验时数为2学时,实验小组2人,轮流观测、记录和计算。

(2) 实验设备为TDJ6或TDJ6E型光学经纬仪1台,记录板1块,铅笔自备。

三、方法与步骤

(一) 测回法观测水平角

测回法是测定某一水平角最常用的方法。将经纬仪安置在测站点 N 上,对中(误差小于3 mm)、整平(水准管气泡偏离不超过1格)、用竖丝瞄准目标;左方向目标为 A,右方向目标为 B,测定水平角 β 的步骤如下(图6.1)。

1.盘左又称正镜(竖直度盘在望远镜左边)

瞄准目标 A,读取水平度盘读数 a_L,并记录读数;顺时针旋转照准部瞄准右目标 B,读取水平度盘读数 b_L,记录读数。计算盘左半测回(又称上半测回)水平角 $\beta_L = b_L - a_L$,记入手簿中。

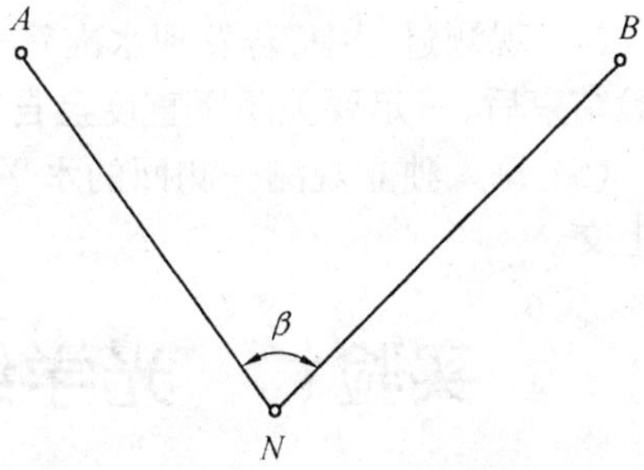

图6.1　左、右方向和水平角

2.盘右又称倒镜(竖直度盘在望远镜右边)

瞄准目标 B,读取水平度盘读数 b_R,记录读数;逆时针旋转照准部瞄准左目标 A,读取水平度盘读数 a_R,记录读数。计算盘右半测回(又称下半测回)水平角 $\beta_R = b_R - a_R$,记入手簿中。

3.计算一个测回水平角

检核:当 $\Delta\beta = \beta_L - \beta_R \leqslant \pm 40''$ 满足要求后,计算一个测回水平角,即

$$\beta = \frac{1}{2}(\beta_L + \beta_R)$$

(二) 竖直角观测

观测前,打开竖直度盘自动归零补偿器锁紧轮,使其处于ON状态(使竖直度盘指标指为正确位置)。

步骤:

(1)盘左(竖直度盘在望远镜左边):瞄准高处(或低处)目标 P(使十字丝横丝与目标相

切)。读竖盘读数 L,计算盘左竖直角 $\alpha_L = 90° - L$;

(2)盘右(竖直度盘在望远镜右边):瞄准同一目标 P,读竖盘读数 R,计算盘右竖直角 $\alpha_R = R - 270°$;

(3)计算测回竖直角:$\alpha = \frac{1}{2}(\alpha_L + \alpha_R)$;

(4)计算竖盘指标差:$x = \frac{1}{2}(R + L - 360°)$,简化计算指标差公式为

$$x = \frac{1}{2}(\alpha_R - \alpha_L)$$

观测结束后,关闭竖直度盘自动归零补偿器锁紧轮,使其处于 OFF 状态。(上述简化计算公式适用于顺时针注记竖盘)

四、注意事项

(1) 同一小组 2 人应观测同一水平角,每人独立观测一测回,并应满足要求;当第二人观测时,水平度盘起始方向的读数变动 90°左右。按$\frac{180}{n}$变换度盘位置,n 为测回数。同一水平角各测回角值互差应小于 ±24″($\Delta\beta = \beta_1 - \beta_2 \leqslant \pm 24''$)。

(2) 观测竖直角瞄准时,用十字丝横丝与目标相切,每人分别选择两个不同的目标;同一台仪器的竖盘指标差的互差应小于 ±25″($\Delta x = x_1 - x_2 \leqslant \pm 25''$)。计算竖直角和指标差时,应注意正、负号。

(3) 观测竖直角时,应量测仪器高并记入备注栏内。

(4) 观测过程中,若发现水准管气泡偏离超过 1 格时,应重新整平仪器,并重测该测回;实验结束后,一定要关闭竖直度盘自动归零补偿器锁紧轮,否则仪器容易损坏。

(5) 每人独立观测一测回的水平角,观测两个目标的竖直角,并将观测记录和计算的成果上交。

实验七　光学经纬仪(J2、TDJ2E)的使用

一、目的与要求

(1) 了解 J2 或 TDJ2E 型光学经纬仪的基本构造及主要部件的名称和作用。

(2) 掌握 J2 或 TDJ2E 型光学经纬仪的操作方法和度盘读数方法。

二、计划与设备

(1) 实验时数为 2 学时,实验小组 2 人,轮流操作仪器、读数和记录。

(2) 实验设备为 J2 或 TDJ2E 型光学经纬仪 1 台,记录板 1 块,铅笔自备。

三、方法与步骤

(一) 认识 J2 或 TDJ2E 型光学经纬仪的构造和各部件名称

如图 7.1(a)所示为 J2 型、7.1(b)所示为 TDJ2E 型光学经纬仪的外形及各部件名称。

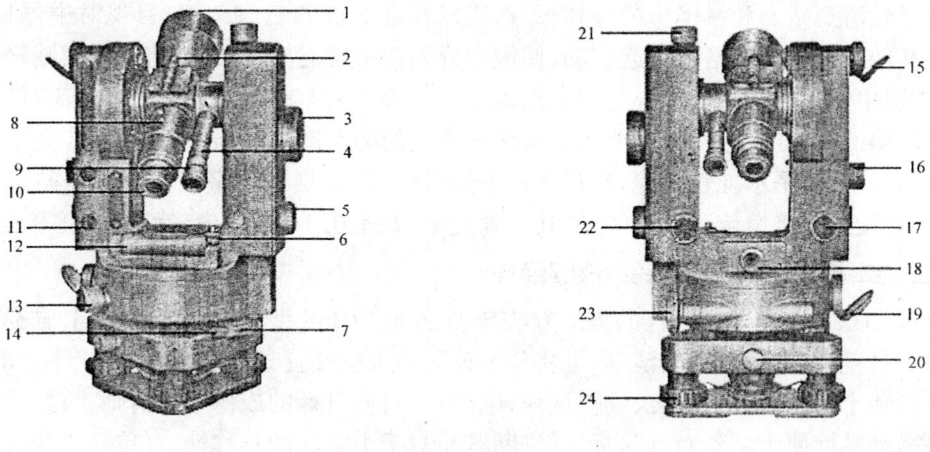

图 7.1(a)　J2 型光学经纬仪

1—望远镜物镜；2—瞄准器；3—测微器手轮；4—读数显微镜；5—度盘换像手轮；6—水准管校正螺丝；7—变换手轮护盖；8—望远镜物镜调焦螺旋；9—读数显微镜目镜；10—望远镜目镜；11—竖盘指标水准管护盖；12—照准部水准管；13—水平制动螺旋；14—水平度盘变换手轮；15—竖盘反光镜；16—竖盘指标水准管观察镜；17—竖盘指标水准管微动螺旋；18—光学对中器目镜；19—水平度盘反光镜；20—基座锁紧轮；21—望远镜制动螺旋；22—望远镜微动螺旋；23—水平微动螺旋；24—脚螺旋

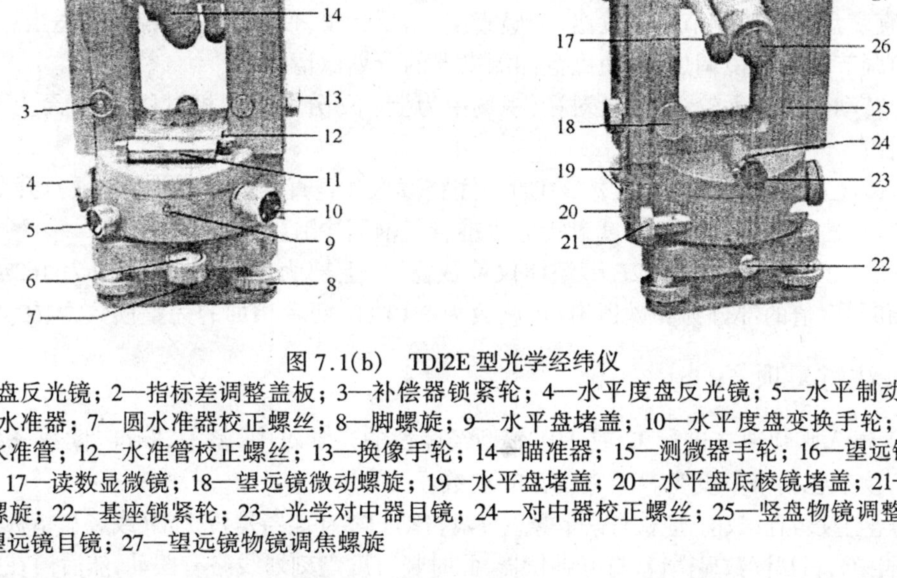

图 7.1(b)　TDJ2E 型光学经纬仪

1—竖盘反光镜；2—指标差调整盖板；3—补偿器锁紧轮；4—水平度盘反光镜；5—水平制动螺旋；6—圆水准器；7—圆水准器校正螺丝；8—脚螺旋；9—水平盘堵盖；10—水平度盘变换手轮；11—照准部水准管；12—水准管校正螺丝；13—换像手轮；14—瞄准器；15—测微器手轮；16—望远镜制动螺旋；17—读数显微镜；18—望远镜微动螺旋；19—水平盘堵盖；20—水平盘底棱镜堵盖；21—水平微动螺旋；22—基座锁紧轮；23—光学对中器目镜；24—对中器校正螺丝；25—竖盘物镜调整盖板；26—望远镜目镜；27—望远镜物镜调焦螺旋

（二）J2 或 TDJ2E 型光学经纬仪的安置

J2 或 TDJ2E 型光学经纬仪一般要用光学对中器对测站点进行对中。

光学对中：光学对中器的视线铅垂有赖于仪器的整平，因此，对中和整平是同时进行的。三脚架置于测站点位的上方，用光学对中器的目镜调焦，使分划板清晰，再拉伸对中器镜管，使能同时看清测站点和目镜中的分划板；踩紧操作者对面的三脚架腿，目视对中器目镜，用双手将其他两只脚架腿略微提起移动，使镜中分划板中心对准测站点，将两脚架腿轻轻放下并踩紧，镜中分划板十字丝中心与测站点若略有偏离，则可旋转脚螺旋使其重新对准；然后伸缩三脚架的架腿（注意架腿不要离地），使基座上的圆水准气泡居中，这样初步完成了仪器的对中与粗平；整平水准管气泡，再观察对中器目镜，若分划板十字丝中心与测站点又有偏离，则可略旋松连接螺旋，平移基座使其精确对中，误差在 1 mm 之内，旋紧连接螺旋。

（三）J2 或 TDJ2E 型光学经纬仪的瞄准

J2 或 TDJ2E 型光学经纬仪的瞄准方法与 TDJ6 或 TDJ6E 型光学经纬仪相同，瞄准前要消除视差。目镜调焦，使十字丝清晰，可将望远镜对向天空使背景明亮，增加与十字丝的反差，以便于判断十字丝清晰的程度；物镜调焦，瞄准目标，使目标的成像十分清晰，再旋转望远镜和水平微动螺旋使十字丝对准目标，并判断其相对于十字丝的对称性。（单丝平分或双丝夹准目标）

（四）J2 或 TDJ2E 型光学经纬仪的读数

J2 或 TDJ2E 型光学经纬仪的读数特点：一是利用双平板玻璃测微器，将度盘对径（度盘直径的两端）分划影像折射到同一视场中，成上、下两排，转动测微器可使上、下分划线影像相向移动而对齐，读取度盘读数，再加测微器读数；二是水平度盘和竖直度盘利用换像手轮使其分别在视场中出现。具体的读数方法如下：

(1)转动换像手轮，若轮上线条水平，则读数目镜中出现水平度盘影像（若轮上线条竖直则为竖直度盘影像），调节水平度盘（或竖直度盘）反光镜，使读数显微镜亮度适当；

(2)调节读数目镜调焦环，使度盘和测微器的分划像清晰；

(3)转动测微器手轮，使度盘对径（视场中为上、下）分划影像相对移动，直至上下分划线精确重合；

(4)读度盘读数和测微器读数，相加得完整读数（竖直度盘读数时，必须打开竖直度盘自动归零补偿器开关或使竖直度盘指标水准管气泡居中）。

如图 7.2 所示 J2 型、TDJ2E 型经纬仪读数窗口，上部为度盘窗口，读数为 162°40′，带有分划值和刻度值的部分为测微器窗口，读数为 7′13″.8，两者相加的完整读数为162°47′13″.8。

四、注意事项

(1) 每人必须独立进行 J2 或 TDJ2E 型经纬仪的光学对中、整平、瞄准、读数一系列完整的操作，读数包括水平度盘和竖直度盘的读数。

(2) 竖直度盘读数前，应检查一下竖直度盘自动归零补偿器是否正常（或竖盘指标水准管气泡是否居中），目视读数显微镜，打开补偿器，此时竖直度盘刻划线略有摆动，然后停在摆动的中间位置，则补偿器工作正常。

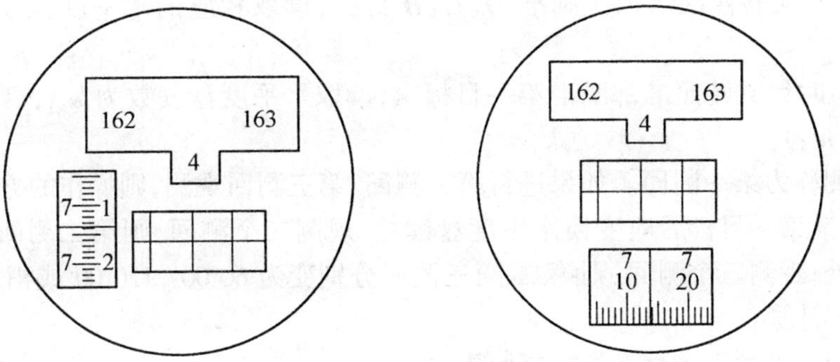

J2 型　　　　TDJ2E 型

图 7.2　J2 型、TDJ2E 型经纬仪读数

实验八　全圆方向法水平角观测

一、目的与要求

掌握用 TDJ6 或 TDJ6E 型光学经纬仪全圆方向法水平角观测的操作、记录、计算和各项限差的检核。

二、计划与设备

(1) 实验时数为 2 学时，实验小组 2 人，轮流操作仪器、读数和记录。

(2) 实验设备为 TDJ6 或 TDJ6E 型光学经纬仪 1 台，记录板 1 块，铅笔自备。

三、方法与步骤

1.观测要求

全圆方向法为观测 3 个或 3 个以上方向之间的水平角，观测方法如图 8.1 所示。设测站为 N，需要观测 4 个目标 A、B、C、D 的水平方向值。

2.观测步骤

(1) 经纬仪安置于测站 N，经过对中、整平，盘左位置初步瞄准第一个目标 A(目镜调焦、物镜调焦、消除视差、旋紧水平制动螺旋，转动水平度盘变换手轮，使水平度盘读数配置在 0°00′或稍大于 0°00′读数处；

(2) 用水平微动螺旋准确地瞄准第一目标 A，读取水平度盘读数 a；

(3) 顺时针转动照准部，依次瞄准 B、C、D 目标，读取相应的水平度盘读数 b、c、d；

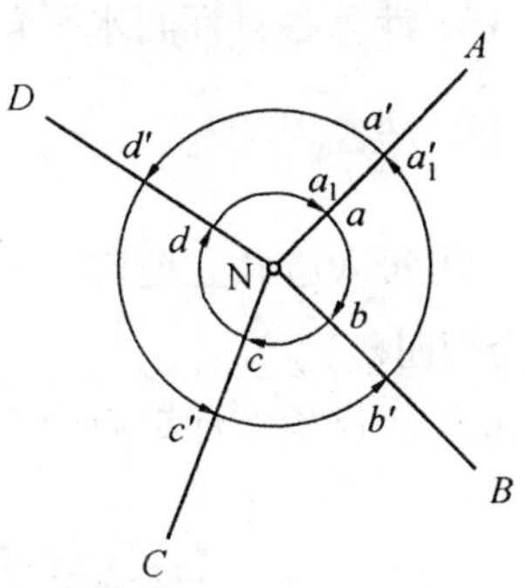

图 8.1　全圆方向法观测水平角

(4) 为了校核，再顺时针旋转照准部瞄准第一目标 A，读取水平度盘读数为 a_1，$(a-a_1)$称盘左半测回归零差；

(5) 倒转望远镜使盘左变成盘右位置，瞄准第一目标 A，读取水平度盘读数为 a'；

(6) 逆时针旋转照准部依次瞄准 D、C、B 目标,读取相应的水平度盘读数分别为 d'、c'、b';

(7) 再逆时针旋转照准部瞄准第一目标 A,读取水平度盘读数为 a'_1,盘右的半测回归零差为($a' - a'_1$)。

以上观测称为第一测回。如果进行第二测回、第三测回观测,则操作的方法和以上步骤相同,仅是瞄准第一目标后应变换水平度盘读数:观测二个测回,则第二测回变为 90°00′或稍大的读数处;观测三个测回,则第二、第三测回分别变为 60°00′,120°00′或稍大的读数处。

3.检核和计算

全圆方向法观测应进行下列检核计算:

(1) 半测回归零差不大于 ±18″,若在容许范围内(其限差值见表 8.1),则取其平均值。

(2) 对于同一目标,$2c$ = 盘左读数 − (盘右读数 ± 180°),$2c$ 应是常数,规范规定 $2c$ 的互差在容许范围内(其限差值见表 8.1)。

(3) 计算各目标的方向平均值,度数取盘左读数,分、秒取盘左、盘右读数的平均值:方向平均值 = $\frac{1}{2}$[盘左读数 + (盘右读数 ± 180°)]。

(4) 计算各目标的归零后方向值:将各目标的方向平均值减去第一目标的方向平均值的平均值[$a_0 = \frac{1}{2}(\frac{a + a_1}{2} + \frac{a' + a'_1}{2})$];起始方向的归零值为零。

(5) 计算各测回归零后方向值的平均值:观测完规定的测回数后,应检查每一个目标的归零后方向值之差在限差允许范围内,最后取各测回归零后方向值的平均值,作为观测成果。全圆方向法观测的各项限差规范列于表 8.1 中,若超限应重测。

表 8.1 全圆方向法观测的各项限差规范

仪器型号	半测回归零差/(″)	一测回内 $2c$ 互差/(″)	同一方向各测回互差/(″)
TDJ2	12	18	12
TDJ6	18	−	24

(6) 计算各目标间水平角值:将相邻两归零方向值的平均值相减,得到水平角值。

四、注意事项

(1) 每人应独立地观测一个测回,各测回间起始方向应按 $\frac{180°}{n}$ 变换水平度盘读数位置(n 为测回数)。

(2) 经过检核计算后的全圆方向法观测记录作为成果上交。

实验九 经纬仪的检验与校正

一、目的与要求

(1) 了解光学经纬仪的主要轴线间应满足的几何条件。

(2) 掌握光学经纬仪检验校正的基本方法。

二、计划与设备

(1) 实验时数为 2 学时,实验小组 2 人。

(2) 实验设备为 TDJ6 或 TDJ6E 型光学经纬仪 1 台,记录板 1 块,校正针 1 支,小螺丝刀 1 把,皮尺 1 把。

三、方法与步骤

(一) 了解经纬仪的轴线及其满足的几何条件

经纬仪的主要轴线(图 9.1) VV 为竖轴,LL 为照准部水准管轴,$L'L'$ 为圆水准器轴,HH 为横轴,CC 为视准轴,应满足的几何条件是:$LL \perp VV$,$L'L' \parallel VV$,$CC \perp HH$,$HH \perp VV$,以及十字丝竖丝垂直于横轴。

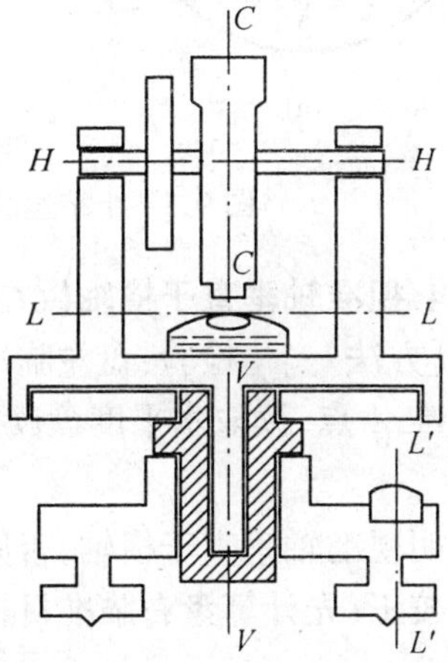

图 9.1　经纬仪的主要轴线

(二) 一般性检验

安置仪器后,先检查三脚架是否牢固,架腿伸缩是否有效,水平制动、微动螺旋是否有效,望远镜制动、微动螺旋是否有效,照准部转动是否灵活,望远镜转动是否灵活,望远镜成像是否清晰,读数系统成像是否清晰,脚螺旋是否有效。

(三) 经纬仪的检验与校正

1. 照准部水准管轴垂直于竖轴($LL \perp VV$)的检验与校正

检验:安置仪器后,转动照准部使水准管平行于任意一对脚螺旋的连线,转动这对脚螺旋使气泡居中;再将照准部旋转 180°,如果气泡仍然居中,则说明照准部水准管轴垂直于竖轴。若气泡中心偏离水准管零点并超过一格,则需要校正。

校正:拨动水准管校正螺丝,使气泡返回偏移量的一半,旋转脚螺旋返回偏移量的另一半;反复检校,直至照准部旋转至任何位置时水准管气泡偏移量都在一格以内,旋紧校正螺丝。

2. 圆水准器轴平行于竖轴($L'L' \parallel VV$)的检验与校正

检验:经过照准部水准管轴垂直于竖轴的检验与校正后,用水准管严格整平仪器,此时,竖轴已经铅垂,安装在基座上的圆水准器气泡应该居中,否则需要进行校正。

校正:用校正针转动圆水准器底部的校正螺丝,使圆水准器气泡居中。

3. 十字丝竖丝垂直于横轴的检验与校正

检验:望远镜大致水平方向,用望远镜中十字丝交点瞄准远处目标 P,旋转望远镜微动螺旋,使纵丝上、下移动,若 P 点始终与竖丝重合如图 9.2(a),则说明竖丝垂直与横轴,否则需要校正图 9.2(b)。

校正:旋下十字丝分划板护罩,用小螺丝刀松开十字丝环固定螺丝(图 9.3),转动十字丝环,使望远镜上、下微动时,P 点始终在竖丝上移动为止,最后旋紧十字丝环固定螺丝。

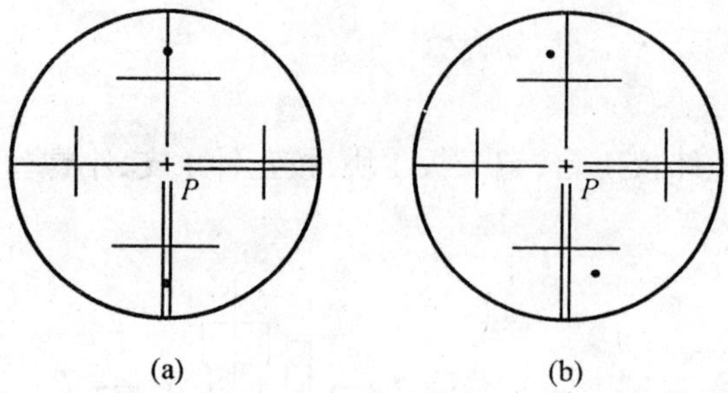

图 9.2 十字丝的检验

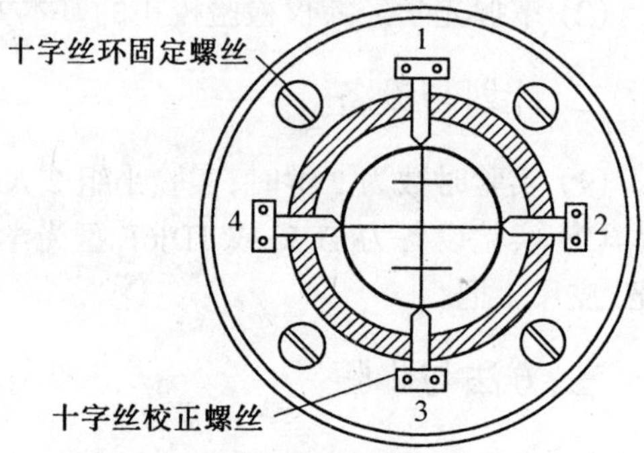

图 9.3 十字丝的校正

4.视准轴垂直于横轴($CC \perp HH$)的检验与校正

[方法一] 检验:盘左瞄准远处大致与仪器同高的目标 A,读取水平度盘读数 a_L;盘右再瞄准 A 点,读取水平度盘读数 a_R,若

$$a_R = a_L \pm 180°$$

则说明视准轴垂直于横轴,否则需要校正。

校正:先计算盘右瞄准目标 A 时应有读数,即

$$a'_R = \frac{1}{2}[a_R + (a_L \pm 180°)]$$

转动水平微动螺旋,使水平度盘读数为 a'_R,再拨动十字丝左、右一对校正螺丝,一松一紧,左右移动十字丝分划板,使十字丝竖丝瞄准 A 点。如此反复检校,直至盘左、盘右读数加减 180°后的差数($2c$ 值)小于 60″为止,最后旋上十字丝环护罩。

* 对于单指标的经纬仪,仅在水平度盘无偏心或偏心差的影响小于估读误差时才见效。

[方法二] 检验:对 TDJ6 型经纬仪的检验,通常用四分之一法,此方法可以消除度盘偏心差的影响。如图 9.4 所示,在平坦场地选定与仪器同高相距约 100 m 左右的 A、B 两点,安置经纬仪于 AB 连线的中点 O,盘左瞄准目标 A,固定照准部,纵转望远镜,在视线 B 点处横放毫米分划的小尺,在尺上读数为 b_1,盘右再瞄准 A,纵转望远镜,在 B 点尺上读数 b_2,若 $b_2 = b_1$,则说明视准轴垂直于横轴,否则按下式计算出视准误差 c,即

$$c'' = \frac{b_2 - b_1}{4D_{OB}} \cdot \rho''$$

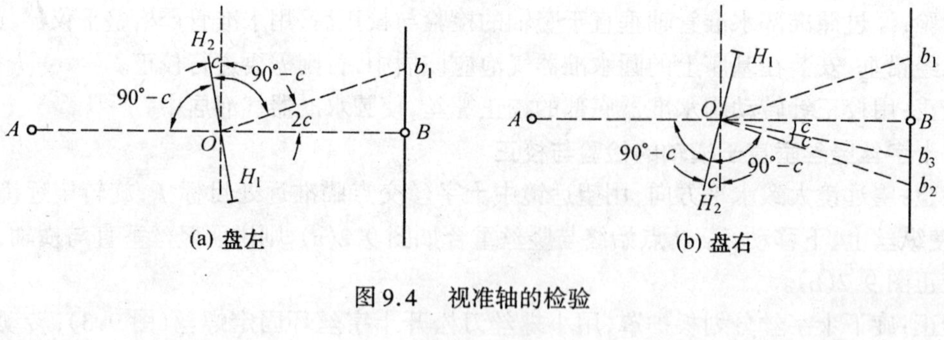

图 9.4 视准轴的检验

当 $c > 60''$ 时需要校正。

校正：先计算视准轴与横轴垂直时盘右在 B 尺上的应有读数，即

$$b_3 = b_2 - \frac{1}{4}(b_2 - b_1) \quad \text{或} \quad b_3 = b_1 + \frac{3}{4}(b_2 - b_1)$$

拨动十字丝左、右一对校正螺丝，使十字丝交点与尺上读数 b_3 重合。这项检校需反复进行，直至满足要求。

5. 横轴垂直于竖轴（$HH \perp VV$）的检验与校正

检验：如图 9.5 所示，在距墙面约 10 ~ 20 m 处安置经纬仪，盘左瞄准墙上高处目标 P（竖直角大于 30°），固定照准部，读取竖盘读数并计算竖直角 α；放平望远镜，在墙面上定出十字丝交点 A；盘右再瞄准 P 点，放平望远镜，在墙面上定出 B 点；若 A、B 重合，则横轴垂直于竖轴；否则需要校正。量取 AB 间距离 d_{AB}，按下式计算横轴误差 i，即

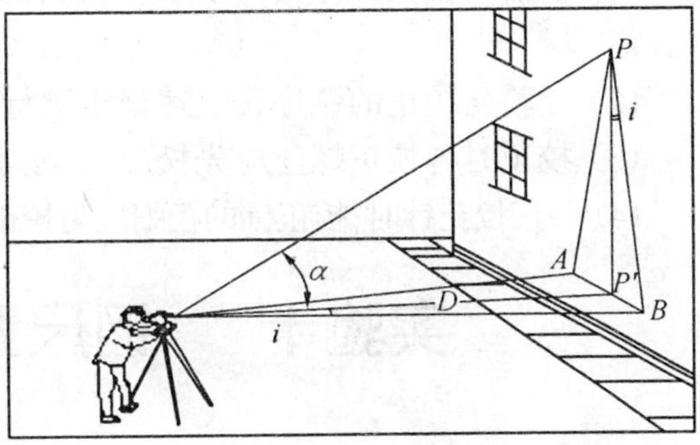

图 9.5　横轴的检验

$$i = \frac{d_{AB} \cdot \cot \alpha}{2D} \cdot \rho$$

D 为仪器至 P 点的水平距离，用皮尺量取。对 TDJ6 型经纬仪，当 $i > 20''$ 时需校正。

校正：使十字丝的交点瞄准 A、B 的中点 P'，固定照准部，将照准部上仰视 P 点，十字丝交点一定偏离 P 点。取下望远镜右支架盖板，松开横轴偏心环校正螺丝，转动偏心环，使十字丝交点与 P 点重合后，再固定校正螺丝并上好盖板。由于横轴校正设备密封在仪器内部，一般只作检查，该项校正应由专业人员进行。

6. 竖盘指标差的检验与校正

检验：安置经纬仪，分别用盘左、盘右瞄准同一明显目标（十字丝横丝与目标相切）。打开竖盘自动归零补偿器，使其处于 ON 状态（或竖盘指标水准管气泡居中），读取竖盘读数 L 和 R，计算竖盘指标差：$x = \frac{1}{2}(R + L - 360°)$。同理再观测另一明显目标，检验 x 值是否正确。如果 $x > \pm 60''$，则需要进行指标差的校正。

校正：对于有竖盘指标自动归零补偿器的经纬仪，仍会有指标差存在，检验计算方法同上。算得经指标差改正的盘左或盘右的读数后，打开校正小窗口的盖板，有两个校正螺丝，等量相反转动（先松后紧）两个螺丝，可以使竖盘读数调整至指标差改正后的读数 $L' = L - x$ 或 $R' = R - x$（竖盘为顺时针注记）。

对于有竖盘指标水准管的经纬仪，盘右瞄准原目标，转动竖盘水准管微动螺旋，将原竖直度盘读数调整到指标差校正后的读数，拨动竖盘水准管校正螺丝，使气泡居中；反复检校，直至指标差小于规定的数值为止。

7. 光学对中器的检验与校正

检验：安置经纬仪于三脚架上，整平仪器，在仪器下方的地面上放置一块画有"十"字标记的纸板。移动纸板，使光学对中器的分划板十字丝中心对准"十"字影像中心。转动照准部 180°，若光学对中器分划板十字丝中心偏离了纸板上的"十"字影像中心，则需要校正。

校正：目视光学对中器，找出"十"字影像中心与分划板十字丝中心连线的中点 P；调整

光学对中器上的校正螺丝，使分划板十字丝中心与 P 点重合即可。

经纬仪的每项检校需反复进行并满足条件，但校正后不能完全满足理论上的要求，一般只要求达到实际作业所需要的精度，因此必然存在残余误差。在实际作业中采用合理的观测方法，这些残余误差大部分是可以消除的。

四、注意事项

(1) 仪器的检校工作是一项难度较大的细致工作，经严格检验确认需校正时才可进行校正。

(2) 检验与校正的顺序按上述规定进行，先后顺序不能颠倒。

(3) 校正时各校正螺丝应先松后紧，松紧适度，校正结束，各螺丝应处于稍紧状态。

(4) 需用校正针时，校正针的粗细应与校正螺丝孔径相适应，否则，会损坏校正螺丝孔径。

实验十　钢尺量距与罗盘仪定向

一、目的与要求

(1) 掌握用钢尺进行一般量距方法。

(2) 使用罗盘仪测定直线磁方位角。

(3) 测定步长。

二、计划与设备

(1) 实验时数为 2 学时，实验小组 4 人。

(2) 实验设备为 30 m 钢尺 1 把，罗盘仪 1 台，测钎 1 束，记录板 1 块，标杆 3 根，铁支架 1 个，铅笔自备。

三、方法与步骤

(一) 在指定的 A、B 两点间用钢尺丈量距离

(1) 在 B 点立标杆，A 点安置罗盘仪，望远镜瞄准 B 点后旋紧制动螺旋。

(2) 往测。后尺手执钢尺零点端对准 A 点，前尺手提尺把、测钎、标杆向 AB 方向前进，行至整尺距离附近时，立标杆听候观测员进行定线，当标杆在视线方向上即在地面上定出其位置；前、后尺手拉紧钢尺，由前尺手喊“预备”，后尺手对准零点后喊“好”，前尺手在整尺处插入测钎，完成一尺段的丈量，然后前、后尺手抬尺等速依次向前丈量各整尺；每当丈量完一个整尺段时，后尺手将测钎带走，用测钎数来计算整尺段数，到最后一段不足一尺段时为余长，后尺手对准零点后，前尺手对准 B 点读出余长 q(读至 mm)；记录者在“距离丈量”手簿中记下整尺段数及余长，则往测全长为 $L_{往} = nl + q$，式中，n 为丈量整尺段数，l 为整尺长。

(3) 返测。由 B 点向 A 点用相同方法丈量，返测全长 $L_{返} = nl + q$。

(4) 根据往测和返测的总长计算相对误差 K(要求 $K \leqslant 1/3\,000$)，最后取往返总长的平均数为 $\overline{L}_{AB}$，则

$$K = \frac{|L_{往} - L_{返}|}{\overline{L}_{AB}} \leqslant \frac{1}{3\,000}$$

$$\overline{L}_{AB} = \frac{1}{2}(L_{往} + L_{返})$$

(二) 罗盘仪测定直线的磁方位角

图 10.1 为罗盘仪的外形及各部件名称。

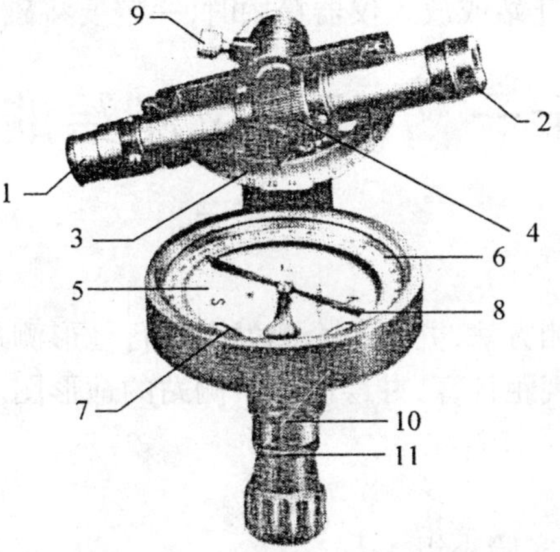

图 10.1　罗盘仪

1— 目镜；2— 物镜；3— 垂直度盘；4— 调焦轮；5— 方向盘；6— 水平度盘；7— 水准器；
8— 磁针；9— 望远镜制动螺旋；10— 磁针固定螺旋；11— 基座

(1) 在 A 点安置罗盘仪后，瞄准 B 点，松开磁针固定螺旋，当磁针稳定后，读出磁针北端(缠铜线为南端) 所指度盘读数(读至 0.5°)，即 AB 的磁方位角 A_{mAB}。

(2) 安置罗盘仪于 B 点，在 A 点立标杆，用相同的方法测出 AB 的反磁方位角 A_{mBA}。

(3) 正、反磁方位角应相差 180°，限差为 ± 1°。满足要求后取平均值，即

$$A_{mAB} = \frac{1}{2}(A_{mAB} + A_{mBA} \pm 180°)$$

(三) 测定步长

(1) 每人以正常步伐，在 AB 长度上进行往返步测。

(2) 平均步长计算

$$l = \frac{L}{n}$$

其中，$n = \frac{1}{2}(n_1 + n_2)$，$n_1$、$n_2$ 分别为往、返步数。

(3) 百米所需步数的计算

$$N_{100} = \frac{100}{l}$$

四、注意事项

(1) 钢尺量距的原理简单，但容易出错，要做到零点看清 —— 钢尺零点不一定在尺端，有些钢尺零点前还有一段分划，必须看清；读数认清 —— 尺上读数要认清 m、dm、cm 的注字

和 mm 的分划数;尺段记清 —— 尺段较多时,容易发生少记一个尺段的错误。

(2) 钢尺容易损坏,为维护好钢尺,应做到不扭,不折,不压,不拖。当钢尺快松到尺末端时,应保留一或二圈,拉尺时不应使尺端连接部分受力,用毕要擦净上油方可卷入尺壳内。

(3) 在一般量距中,直线定线可用仪器定线,也可用标杆定线。

(4) 地面坡度超过 1/100 时应进行倾斜改正。

(5) 使用罗盘仪时,一定要认清磁针南端和北端,并要避开近处对磁性有影响的物质(如金属、高压线等)。罗盘仪迁站或放入仪器箱中时,一定要将磁针固定。

实验十一　经纬仪测绘地形图

一、目的与要求

(1) 掌握视距测量的观测方法,并在一个测站上进行地形测量。

(2) 学会用计算器进行视距计算,并绘制一个测站的地形图。

二、计划与设备

(1) 实验时数为 2 学时,实验小组 4 人。

(2) 实验设备为 TDJ6 或 TDJ6E 型光学经纬仪 1 台,视距尺(或水准尺)1 把,记录板 1 块,标杆 1 根,铁支架 1 个,计算器、铅笔自备。

三、方法与步骤

(一) 用经纬仪测绘 1 : 500(或 1 : 200) 地形图一个测站的工作步骤

(1) 在测站点 A 安置仪器,量取仪器高 i(地面点至经纬仪横轴的高度,量至 cm),B 点立标杆(或用其他标志);假定测站点的高程 $H_A = 100.00$ m。

(2) 定向。经纬仪瞄准 B 点(一般以盘左位置进行观测),转动度盘变换手轮,使水平度盘配置为 0°00′00″。

(3) 在测站周围 80 m 内选择地物(道路、房角、电线杆等)、地貌特征点并一一立尺,经纬仪瞄准每一立尺点,步骤如下:

① 转动望远镜微动螺旋,对于成倒像的仪器,以十字丝的上丝对准尺上某一整分米数,读取下丝读数 a、上丝读数 b、中丝读数 v,对于成正像的仪器,以十字丝的下丝对准尺上某一整分米数,读取上丝读数 a、下丝读数 b、中丝读数 v;

② 将竖盘自动归零补偿器打开,处于 ON 状态,读取竖盘读数 L,立即算出竖直角 α($\alpha = 90° - L$ 应具有正、负号);

③ 读取水平度盘读数 β。

(4) 记录者在"视距测量" 手簿中除记下测站点号、测站点高程和量得的仪器高外,对于每一立尺点,应记下点号和观测值(包括:视距丝读数 a,b,v(均读至毫米),竖盘读数 L(读至秒),水平角 β(读至分)) 并检查三丝读数是否有错,即$\left[\frac{(a+b)}{2} - v\right] \leq \pm 2$ mm。

(5) 每人至少独立测定 3 个点,并进行视距计算。

(二) 视距测量计算

视距测量计算测站点至观测点的水平距离 D、高差 h_i 及观测点高程 H_i，计算公式如下

$D = kl\cos^2\alpha$（尺间隔：$l = a - b$；视距乘常数：$k = 100$）（取至 0.1 m）

$h_i = D \cdot \tan\alpha + i - v \quad (\alpha = 90° - L)$

$H_i = H_A + h_i$　　（取至 0.01 m）

用计算器计算 D 及 H_i 按键步骤如下：

(1) 对 f_x 型计算器：a [−] b [=] [×] 100 [×] [(] 90 [−] L [°] [′] [″] [)] [min] → [cos] [x^2] [=] 显示 D；[×] [RM] → [tan] [+] i [−] v [+] H_A [=] 显示 H_i。

(2) 对 EL 型计算器：a [−] b [=] [×] 100 [×] [(] 90 [−] L → [DEG] [)] [X→M] → [cos] [x^2] [=] 显示 D；[×] [RM] → [tan] [+] i [−] v [+] H_A [=] 显示 H_i。

当输入竖盘读数 L 时，例如，98°02′36″，则 f_x 型按 98[°]02[′]36[″]、EL 型按 98.0236 → [DEG]。

(三) 地形图绘制

在 16 开（或 8 开）白纸上，中央选定 A 点，任选择 AB 方向。测点的平面位置是用量角器和比例尺根据 D 和 β，按比例用极坐标法展绘。地物按“地形图图式”规定符号绘制，自然地貌地区应勾绘等高线，若在建筑区自然地形破坏较大，可不绘等高线，只注明点的高程。

四、注意事项

(1) 碎部点的选择要注意尽量具有代表性。

(2) 竖盘读数时，必须打开自动归零补偿器开关（或竖盘指标水准管气泡居中）；实验结束后，一定要关闭自动归零补偿器，以免损坏仪器。

(3) 每测 10 ~ 15 个点应检查一次定向，变化超过 ± 4′ 应重新定向。

(4) 在测量的同时，应绘制一张草图，在图上要标出点位并注明点号，点号应与记录的编号一致。

实验十二　道路圆曲线测设

一、目的与要求

(1) 掌握圆曲线主点元素的计算和主点的测设方法。

(2) 掌握用偏角法、切线支距法详细测设圆曲线的方法。

二、计划与设备

(1) 实验时数为 2 学时，实验小组 4 人。

(2) 实验设备为 TDJ6 或 TDJ6E 型光学经纬仪 1 台，钢尺 1 把，标杆 2 根，铁支架 1 个，测钎 1 束，小木桩 4 个，锤子 1 把，记录板 1 块，计算器、铅笔自备。

三、方法与步骤

已知交点里程为 2 + 356.73 m，转向角 $\alpha = 30°30'30''$，$R = 70$ m，$l_0 = 10$ m 计算圆曲线元素 T、L、E、D 并列表（用偏角法和切线支距法）计算圆曲线详细测设数据，检核无误后，方可进行测设。

（一）圆曲线主点的测设

圆曲线主点的测设步骤如下：

(1) 道路圆曲线主点测设之前，需要有标定路线方向的交点（D_J）和转点（D_Z）。在开阔平坦的场地上选择交点 D_J（用木桩或测钎标定），用测回法一个测回测设转向角 $\alpha = 30°30'30''$，确定相邻导线方向，计算转折角 $\beta = 180° - \alpha$；然后在切线长以外定出两个转点 D_{Z1} 和 D_{Z2}，插上测钎，如图 12.1 所示。

(2) 根据道路等级和实地地形情况确定适宜的半径 R。

(3) 按下列公式计算圆曲线测设元素（切线长 T、曲线长 L、外矢距 E、切取差 D），即

$$T = R \cdot \tan\frac{\alpha}{2}$$

$$L = R \cdot \alpha\frac{\pi}{180} = R \cdot \frac{\alpha}{\rho}$$

$$E = R\left(\sec\frac{\alpha}{2} - 1\right)$$

$$D = 2T - L$$

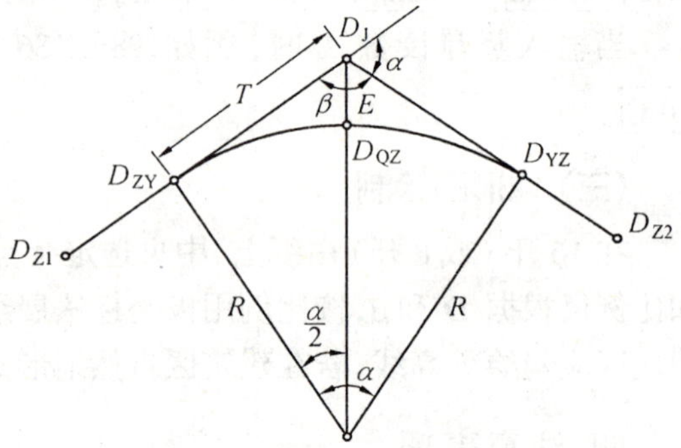

图 12.1　圆曲线的主点测设元素

(4) 用安置于 D_J 的经纬仪先后瞄准 D_{Z1}，D_{Z2} 定出方向，用钢尺在该方向上测设切线 T，定出圆曲线的起点直圆点（D_{ZY}）和圆曲线的终点圆直点（D_{YZ}），打下木桩，重新测设一次，在木桩上标出 D_{ZY}、D_{YZ} 的精确位置。

(5) 用经纬仪瞄准 D_{YZ}，水平度盘读数置于 $0°00'00''$，照准部旋转 $\frac{\beta}{2}$，定出转折角的分角线方向，用钢尺测设外矢距 E，定出圆曲线中点 D_{QZ}。

（二）主点里程桩号计算

位于道路中线上的曲线主点里程桩号由交点的里程桩号推算而得。设 D_J 里程为 2 + 356.73 m，根据圆曲线元素，计算曲线主点的里程桩为

$$D_{ZY}\text{ 里程桩号} = D_J\text{ 里程桩号} - T$$

$$D_{QZ}\text{ 里程桩号} = D_{ZY}\text{ 里程桩号} + \frac{L}{2}$$

$$D_{YZ}\text{ 里程桩号} = D_{QZ}\text{ 里程桩号} + \frac{L}{2}$$

$$\text{（检核）}D_{YZ}\text{ 里程桩号} = D_J\text{ 里程桩号} + T - D$$

（三）偏角法详细测设圆曲线

在测设圆曲线时，每 10 m 整需要设置里程桩，（在工程实践中视实际需要而定）则 $l_0 = 10$ m，l_1 为曲线上第一个整 10 m 桩 P_1 与圆曲线起点 D_{ZY} 间的弧长，如图 12.2 所示。

用偏角法详细测设圆曲线，按下式计算测设 P_1 点的偏角 Δ_1 和以后每增加 10 m 弧长的各点的偏角增量 Δ_0 为

$$\Delta_1 = \frac{l_1}{2R} \cdot \rho$$

$$\Delta_0 = \frac{l_0}{2R} \cdot \rho$$

式中，$\rho = 206\ 265''$。

$P_2, P_3, \cdots, P_i$ 点的偏角按下式计算，即

$$\Delta_2 = \Delta_1 + \Delta_0$$
$$\Delta_3 = \Delta_1 + 2\Delta_0$$
$$\vdots$$
$$\Delta_i = \Delta_1 + (i-1)\Delta_0$$

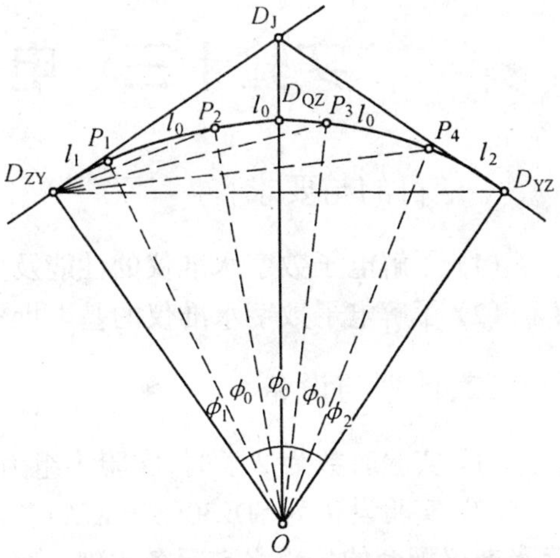

图 12.2　用偏角法详细测设圆曲线

圆曲线上的弧长 l 与弦长 c 之差（弧弦差）按下式计算，即

$$l - c = \delta = \frac{l^3}{24R^2}$$

根据以上这些公式和算得的曲线主点里程，计算圆曲线偏角法测设数据。

用偏角法详细测设圆曲线的步骤为：

(1) 安置经纬仪于 D_{ZY} 点，照准 D_J，变换水平度盘位置使读数为 0°00′00″；

(2) 当转向角为右偏时，顺时针方向转动照准部，使水平度盘读数为 Δ_1，从 D_{ZY} 点沿经纬仪所指方向上用钢尺量取弦长 c_1($c_1 = 2R\sin\Delta_1$)，确定 P_1 的位置，用测钎标定；

(3) 再顺时针方向转动照准部，使水平度盘读数为 Δ_2，从 P_1 点用钢尺量取以 10 m 弧长的弦 c_0($c_0 = 9.991$ m) 与经纬仪所指方向相交，确定 P_2 点的位置，用测钎标定。依此类推，测设其余各桩点；

(4) 测设至圆曲线终点 D_{YZ} 可作检核：D_{YZ} 的偏角应等于 $\frac{\alpha}{2}$，从曲线上最后一点量至 D_{YZ} 应等于 c_2。如果两者不重合，其闭合差不应超过以下规定：切线方向（纵向）为 $\pm \frac{L}{1000}$；法线方向（横向）为 ± 0.1 m。

(四) 切线支距法详细测设圆曲线

(1) 按整桩号(l_0 = 10 m) 计算切线支距法详细测设圆曲线的数据。

(2) 由 D_{YZ} 和 D_{ZY} 点分别沿切线方向量取各点支距 X 值并用测钎标定，再按勾股定理以各 X 点为垂足，用皮尺分别量取切线的垂距 Y 值，得曲线上各点。

四、注意事项

(1) 用偏角法测设较长的曲线时，也可从两端(D_{ZY}、D_{YZ}) 向中点进行测设。

(2) 用偏角法和切线支距法测设同一圆曲线可以互相检核。

(3) 实验结束后，应上交计算数据。

实验十三　电子数字水准仪的使用

一、目的与要求

(1) 了解电子数字水准仪的性能及主要部件的名称和作用。

(2) 了解电子数字水准仪的基本操作方法。

二、计划与设备

(1) 实验时数为 2 学时,实验小组为 4 人,轮流参观和操作仪器,读数并作记录。

(2) 实验设备为 SDL30(SOKKIA)、DL-102C(TOPCON)电子数字水准仪各 1 台,与电子数字水准仪配套的数码水准尺各 1 副。

(3) 实验前,应详细阅读本实验的内容。

三、方法与步骤

由实验室人员安置好电子数字水准仪及数码水准尺,向各实验小组介绍数字水准仪的主要部件和操作方法,然后轮流操作仪器,进行瞄准、施测、读数和记录。

(一)SDL30 电子数字水准仪

1. SDL30 电子数字水准仪的外部构件及名称

图 13.1 所示为 SDL30(中误差 ±1 mm)电子数字水准仪(日本索佳数字水准仪)的外形、各部构件及名称。

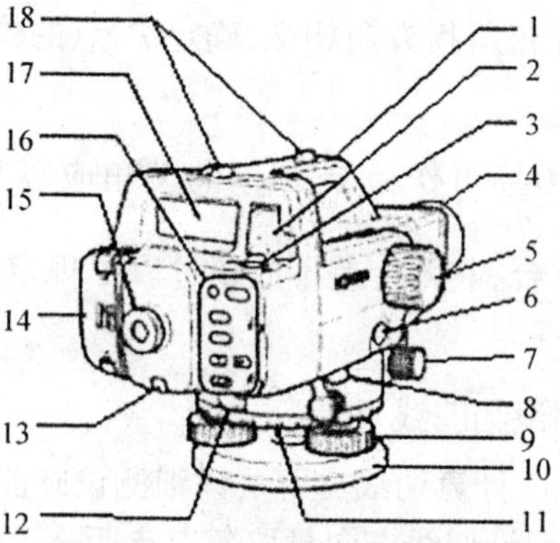

图 13.1　SDL30 电子数字水准仪

1—提柄; 2—水准器观察镜; 3—圆水准器; 4—物镜; 5—调焦螺旋; 6—测量键(Measure);7—水平微动螺旋; 8—数据输出插口; 9—脚螺旋; 10—底板; 11—水平度盘设置环;12—水平度盘;13—分划板校正螺丝及护盖; 14—电池盒护盖; 15—目镜; 16—键盘; 17—显示屏; 18—瞄准器

2. SDL30 电子数字水准仪的键盘、显示屏

(1)键盘及各键功能见表 13.1。

表 13.1　SDL30 电子数字水准仪键盘及显示屏的功能

键符	键名	功　能
(PWR)	电源开关键	开机。按住 (PWR) 键和 ⊛ 键仪器关机
⊛	照明键	显示屏照明开关
(ESC)	退出键	返回状态模式或菜单模式。取消输入值
(MENU)	菜单键	转到菜单模式。 显示菜单(在状态模式下) 变换测量模式,显示仪器态势信息等
(▼)	选择键	选取菜单项等。输入数据时改变符号或数值
(►)	选择键	选取菜单项等,输入数据时移至所需数位
(↵)	确认键	进入所选菜单项功能。将输入值输入仪器

(2)显示屏。如图 13.2 所示,显示屏中显示出操作状态、当前模式等内容以帮助操作者完成测量过程。显示符号及各符号的含义,见表 13.2。

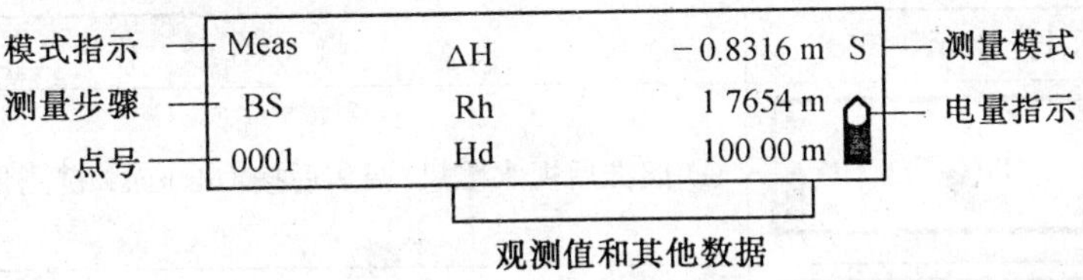

图 13.2　SDL30 电子数字水准仪显示屏

表 13.2　SDL30 操作状态

模式	显示	显示当前模式	模式	显示	显示当前测量模式
模式指示	Meas:	状态模式或服务模式	观测值	Rh	显示标尺读数
	M	菜单模式		Hd	显示仪器至标尺的平距
	ΔH	高差测量模式		ΔH	显示高差
	SO	放样测量模式		Z	显示高程
	Z	高程测量模式		BS	后视观测
	C	设置模式		FS	前视观测
	JOB	工作项目	测量模式	S	单次测量
	Hi－diff	高差测量		R	重复测量
	Elev	高程测量		T	跟踪测量
	REC	选 Review 查阅测量数据			

3. 高差测量

SDL30 电子数字水准仪可测定两点间高差 ΔH,步骤如下:

(1)在状态模式(Meas)下测量步骤:

① 按 PWR 键,开机;

② 照准数码水准尺,调焦后按 Measure 键测量,显示屏上显示出水准尺读数 Rh 和水平距离 Hd。

* 在重复测量(R)或跟踪测量(T)模式下:

步骤②:测量将连续进行,按 ↵ 、ESC 或 Measure 键停止测量。

* 在其他屏幕下:

步骤②:按 ↵ 、ESC 或 Measure 键停止测量。

(2)在单次测量(S)模式下的高差测量:

在选择或建立了工作项目名后(JOB),按 MENU 键,选"Ht-diff",按 ↵ 键,确定进入高差测量操作,测量步骤见表 13.3。

表 13.3　SDL30 高差测量操作

显示屏显示	操　作
ΔH　　　　　S BS　　Rh　　　m 0001　Hd　　　m	① 照准后视水准尺,调焦后按 Measure 键测量
Y/N　　　　　m S BS　　Rh　　1.7654m 0001　Hd　　100.00 m	② 检查所显示的观测值,选"Y"后,按 ↵ 键记录。仪器读取后视读数并显示观测值
ΔH　　ΔH　　　m S FS　　Rh　　　m 0002　Hd　　　m	③ 照准前视水准尺,调焦后按 Measure 键。仪器计算出高差 ΔH 并将结果显示在显示屏上
Y/N　　ΔH　　-0.8316m S FS　　Rh　　1.7654m 0002　Hd　　100.00 m	④ 按 ↵ 键,记录下前视读数,此时再次显示步骤③中的内容可继续观测下一前视点
ΔH　　ΔH　　　m S FS　　Rh　　　m 0003　Hd　　　m	* 按 MENU 键,选择转点(Turning Point)连续测量;再按 MENU 键,选择继续(Go)或返回(Returr)
Meas　　　　　S 　　　Rh　　　m 　　　Hd　　　m	* 按 ESC 键两次,返回菜单模式

4. 高程测量

在单次测量(S)模式下的高程测量。按 MENU 键,选取"Elev",按 ↵ 键,确定进入高程测量操作,测量步骤见表 13.4。

表 13.4　SDL30 高程测量操作

显示屏显示	操　　作
Z　Input Elev　S BS Z +0100.0000 m	① 输入后视点高程(按 (▼) 键,改变光标处的“+、-”号或增大数值,按 (▶) 键,将光标移至下一位,按 (↵) 键,确定输入值
Z　　　　S BS　* Rh　　m 0001　Hd　　m	② 照准后视水准尺,调焦后按 (Measure) 键测量
Y/N　　　　S BS　* Rh　0.9008m 0001　Hd　32.09 m	③ 检查所显示的观测值,选取“Y”后,按 (↵) 键记录
Z　Z　　m S FS　* Rh　　m 0002　Hd　　m	④ 照准前视水准尺,调焦后按 (Measure) 键测量。仪器读取前视读数,显示前视点的高程 Z
Y/N　Z　100.3260 m S FS　* Rh　1.3215 m 0002　Hd　25.23　m	⑤ 选取“Y”后,按 (↵) 键,可继续重复操作观测其他前视点高程
Z　Tuning　Point　S FS　Yes/No?	* 按(MENU)键,结束前视观测。若需迁站,选取“Yes”后按 (↵) 键。仪器迁至下一站,重复上述各步骤可以连续测量。按 (ESC) 键,返回菜单模式

5. 高差放样测量

按两次(MENU)键,选取 S－O,按 (↵) 键, 选取“Ht-diff”。测量步骤见表 13.5。

表 13.5　SDL30 高差放样测量操作

显示屏显示	操　　作
SO　Ht-diff　Dist. Elev.	① 选取“Ht-diff”按 (↵) 键进入高差放样测量
Input　Ht-diff　S ⊿H　+1.3620 m	② 输入高差放样值 ΔH(按 (▼) 键,改变光标处的 +、- 号或增大数值,按 (▶) 键,将光标移至下一位),按 (↵) 键,确定输入值
S BS　Rh　　m Hd　　m	③ 照准后视水准尺,调焦后按 (Measure) 键测量。仪器读取后视读数并显示观测值
Yes / No?　S BS　Rh　1.3215 m Hd　25.23　m	④ 检查所显示的观测值,选“Yes”,按 (↵) 键记录

续表 13.5

显示屏显示	操　　作
FS　S ⊿H　+1.3620 m	⑤ 照准前视水准尺,调焦后按 (Measure) 键测量。仪器读取前视读数,显示观测值与放样值之差
FS　Fill　0.1320 m　S ⊿H　1.3620 m	⑥ 按显示差值指挥移动标尺后再读取前视读数,若显示值为:“Fill”,应将水准尺,上移
FS　Cut　0.0560 m　S ⊿H　+1.3620 m	若显示值为 :“Cut”,应将水准尺,下移
FS　0.0000 m　S ⊿H　1.3620 m	显示值为 :“ 0 ”为放样位置 * 按 (↵) 键或 (ESC) 键结束,重复上述操作继续新点的高差放样,按 (ESC) 键返回菜单模式

6. 距离放样测量

按两次(MENU)键,选取 S－O;按 (↵) 键, 选取“Dist”。测量步骤见表 13.6。

表 13.6　SDL30 距离放样测量操作

显示屏显示	操　　作
SO　Ht-diff　Dist. Elev.	① 选取“Dist”按 (↵) 键进入距离放样测量
Input　Dist.　S Hd　026.30 m	② 输入距离放样值 Hd(用 (▼) 键,改变光标处的 + 、- 号或增大数值,用 (▶) 键,将光标移至下一位),按 (↵) 键,确定输入值
FS　S Hd　26.30 m	③ 照准前视水准尺,调焦后按 (Measure) 键测量。仪器读取前视读数,计算并显示观测值与放样值之差值
FS　Out　0.02 m　S Hd　26.30 m	④ 按显示差值指挥移动水准尺,再读取前视读数, 若显示值为 :“Out”,应将标尺外移
FS　In　0.02 m　S Hd　26.30 m	若显示值为 :“In”,应将水准尺内移
FS　0.00 m　S Hd　26.30 m	若显示值为 :“0”,则为放样位置 * 按 (↵) 键或 (ESC) 键重复上述步骤继续距离放样;按 (ESC) 键返回菜单模式

7. **高程放样测量**

按两次(MENU)键,选取 S－O,按 ↵ 键,选取“Elev”。测量步骤见表 13.7。

表 13.7　SDL30 高程放样操作

显示屏显示	操　　作
SO　Ht-diff　Dist. Elev.	① 选取“Elev”按 ↵ 键进入高程放样测量
BS　Input　Elev.　S Z　+0100.8200 m	② 输入后视点 A 的高程 H_A(按 ▼ 键,改变光标处的＋、－号或增大数值,按 ▶ 键,将光标移至下一位),按 ↵ 键,确定输入值
BS　Rh　m　S Hd　m	③ 照准后视水准尺,调焦后按 (Measure) 键测量。仪器读取后视读数并显示观测值
Yes / No?　S BS　Rh　1.3215 m Hd　25.23　m	④ 检查所显示的观测值,选取“Yes”,按 ↵ 键记录
FS　Input　Elev.　S Z　+0100.0000 m	⑤ 输入高程放样值 $H_A+\Delta H$。按 ↵ 键,确定。照准前视水准尺,调焦后按 (Measure) 键测量
FS　S Z　+0100.0000 m	⑥ 仪器读取前视读数,显示观测值与放样值之差
FS　Fill　0.0320 m　S Z　+0100.0000 m	⑦ 按显示差值指挥移动水准尺,再读取前视读数,若显示值为:“Fill”,应将水准尺,上移
FS　Cut　0.0560 m　S Z　+0100.0000 m	若显示值为:“Cut”,应将水准尺下移
FS　0.0000 m　S Z　+0100.0000 m	若显示值为:“0”,则为放样位置 ＊按 ↵ 键或 (ESC) 键结束,重复上述操作继续新点的高程放样,按 (ESC) 键返回菜单模式

(二)DL-102C 电子数字水准仪

1. DL-102C 电子数字水准仪的外部构件及名称

图 13.3 所示为 DL-102C(中误差为 ±1 mm)数字水准仪(日本拓普康数字水准仪)的外形、各部构件及名称。

2. DL-102C 电子数字水准仪的键盘、显示屏

(1) 键盘上各键功能见表 13.8。

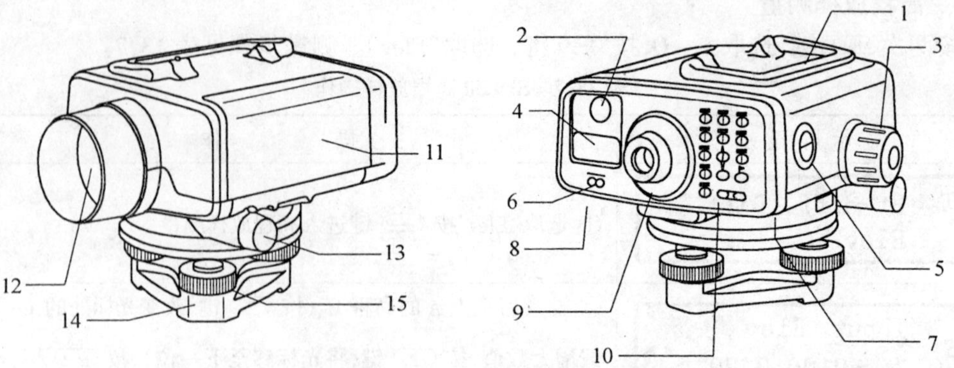

图 13.3　DL-102C 电子数字水准仪

1—提柄；2—圆水准器观察镜；3—调焦螺旋；4—显示屏；5—测量键(MEAS)；6—开关键；7— 数据输出插口；8—圆水准器校正螺丝；9—望远镜目镜；10—键盘；11—电池；12—物镜；13—水平微动螺旋；14—基座；15—脚螺旋

表 13.8　DL-102C 各键功能

键 符	键 名	功　能
REC	记录键	记录测量数据或在仪器中输入显示的数据
SET	设置键	进入设置模式,用于设置测量模式、记录模式和其他参数
MENU	菜单键	进入菜单模式,可选项:标准测量、水准线路测量模式、格式化内存/数据卡、校正模式和工具模式
SRCH	查询键	查询和显示记录的数据
IN/SO	中间点/放样模式键	在连续水准线路测量时测中间点或放样
DIST	测距键	测量并显示距离
MANU	手工输入键	当不能用[MEAS]键进行测量时,可从键盘手工输入数据
▲ ▼	选择键	用来翻页菜单屏幕或数据显示屏幕
◀ ▶	数字移动键	当显示值超出屏幕范围时,可用来左右移动显示屏查看整个数据
REP	重复测量键	在连续水准线路测量时,可用来重测已测过的后视或前视
ESC/C	退出/清除键	退出菜单模式或任一设置模式、输入数据时的后退清除键
0～9	数字键	输入数字
·(▼)	数字、符号、字母输入键	可用来改变为数字、字母或符号的输入模式
-[▶]	标尺倒置模式	进行倒置标尺输入,并应预先在设置模式下,将倒置标尺模式设置为“USE”
ENT	输入键	确认模式参数或输入显示的数据
MEAS	测量键	进行测量
POWER	电源开关键	仪器的开机与关机

(2) 显示屏显示符号见表 13.9。

表 13.9 DL-102C 操作状态

显示	含义	显示	含义
REC	表示记录模式已进入工作状态	▭	表示还有另一页或菜单,可按[▲][▼]键翻阅
▭	电池电量指示	↕	按[▲][▼]键显示下一页菜单
So	放样模式	Inst Ht	仪器高
BM	水准点	CP	转换点
BK	后视	GH	地面高
Fr	前视	Int	中间点、侧视点测量
i	标尺倒置模式		

(3)主菜单。如图 13.4 所示,主菜单模式包括以下项目,按[▲]或[▼]键进行选择,按[ENT]键确认。

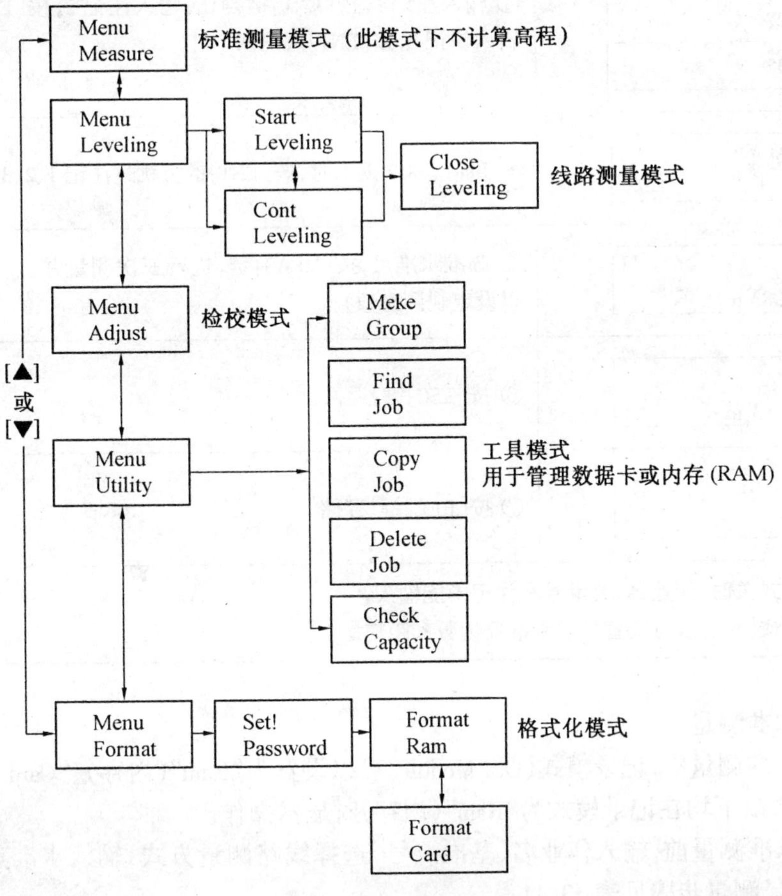

图 13.4 主菜单

3.标准测量模式[MENU MEAS]

标准测量模式是用来测量水准尺读数和距离,而不进行高程计算。选择记录(Out Module)为“Ram”或“Card”时,则需输入作业名和有关注记,所有的观测值记录到内存或数据卡中。按[▲][▼]键选择标准测量模式[MENU MEAS],测量步骤见表13.10。

表13.10 DL-102C标准测量操作

显示屏显示	操作
Menu Measure	① 按[ENT]键
Job NO? J01	② 按·(▼)键或数字键输入作业名,按[ENT]键确认
Meas No? 1	③ 输入测量号,按[ENT]键确认
Info1? Info2? Info3?	④ 输入注记1,按[ENT]键确认;输入注记2,按[ENT]键确认;输入注记3,按[ENT]键确认
Meas Mn 1	* Info1、Info2提示时,按[ENT]键可跳过注记1、2、3进入下一步
Rod 3 1.6983 m	⑤ 瞄准水准尺,按[MEAS]键,进行三次测量并显示平均值(可以设定观测次数)
Rod 1.6983 m	⑥ 按[ESC]键,返回
Meas Mn 1	⑦ 按[REC]键,存储

* 当记录模式关时,作业名、测量号和注记不能输入;
* 按[▲]键或[▼]键,可交替显示水准尺读数和距离

4.线路水准测量

在线路水准测量中,记录模式(Out Module)可以设置为“Ram”(内存)、“Card”(存储卡)或“OFF”(关闭),以下均在记录模式为“Ram”(内存)时显示操作。

在线路水准测量前,输入作业名、基准点号,选择线路测量方式,输入水准点高程数据,开始后视测量,测量步骤见表13.11。

水准测量Level1:后1→前1→前2→后2。

水准测量 Level2:后 1→后 2→前 1→前 2。

水准测量 Level3:测站数为奇数时:

往测:后 1→前 1→前 2→后 2;

返测:前 1→后 1→后 2→前 2。

测站数为偶数时:

往测:前 1→后 1→后 2→前 2;

返测:后 1→前 1→前 2→后 2。

表 13.11 DL-102C 线路水准测量操作

显示屏显示	操作
Menu Leveling	① 按[ENT]键
Start Leveling	② 按[ENT]键
Job NO? J01	③ 按·(▼)键或数字键输入作业名,按[ENT]键确认,按[ESC]输入测量号,按[ENT]键确认
Level 1 BIFIF2B2	④ 按[▲]或[▼]键选择线路测量方式,按[ENT]键确认
EVlimit 0.0 mm	⑤ 输入互差限差(Evlimit),按[ENT]键确认
BM No? BM0	⑥ 输入水准点号,按[ENT]键确认
GH?	⑦ 输入高程,按[ENT]键确认
Info1? Info2? Info3?	⑧ 输入注记 1,按[ENT]键确认;输入注记 2,按[ENT]键确认;输入注记 3,按[ENT]键确认 * Info1、Info2 提示时,按[ENT]键可跳过注记 1、2、3 进入下一步
Back Pn BM0	⑨ 后视点测量开始,瞄准水准尺,按[MEAS]键,测量

* 互差(EV)=(后 1-前 1)-(后 2-前 2);

* 测量完毕,按[▲]键或[▼]键,可交替显示水准尺读数 Rod、距离 Dist、总的测量次数 n、标准偏差 σ、后视至前视的高差 Hdif、地面高程 GH、测点号 PointNo。在多次测量后显示:d=后视距离总和-前视距离总和、∑=后视距离总和+前视距离总和

中间点测量[IN/SO]键:按[IN/SO]键,在线路测量中采集中间独立点和侧视点,测量步骤见表 13.12。

表 13.12　DL-102C 线路水准测量采集中间点的操作

显示屏显示	操　作
Fore Pn 40	① 在后视测量完毕、前视测量之前按[IN/SO]键
Inter – mediate	② 按[ENT]键
Int Pn 1	③ 瞄准中间点上的水准尺,按[MEAS]键;显示水准尺读数
End = ENT Cont = ESC	④ 按[ESC]键,返回步骤③;准备采集下一个中间点,点号自动增加
Int Pn 2	⑤ 重复步骤③继续采集中间点
End = ENT Cont = ESC	⑥ 按[ENT]键确认采集下一个前视点
Fore Pn 3	* 若要结束线路测量,在前视测量完毕、后视测量之前,在"Back Pn"提示时,按[MENU]键;按[▲]或[▼]键,选择结束(close)模式菜单,按[ENT]确认,输入结束点号确认

5.**放样测量[IN/SO]键**

放样测量可放出指定高程的点。

放样点数据文件按照记录模式("Out medule")的设置可存储在内存(Ram)或存储卡(Card)内。

(1)调用内存中数据的测量步骤见表 13.3。

表 13.13　DL－102C 调用内存数据的放样测量操作

显示屏显示	操　作
Fore Pn 40	① 在后视测量完毕、前视测量之前按[IN/SO]键
Inter – mediate	② 按[▲]或[▼]键,选择放样菜单

续表 13.13

显示屏显示	操　　作
Set Out	③ 按[ENT]键,放样数据从内存或数据卡中调用,在记录模式("Out medule")下可自由选择
Read Coordi?	④ 按[ENT]键
So Pn PN1	⑤ 按[▲]或[▼]键,选择放样点号按[ENT]键;瞄准放样点上的水准尺,按[MEAS]键
Rec = ENT Cont = ESC	⑥ 显示观测值及放样误差,按[ENT]键记录
End = ENT Cont = ESC	⑦ 若重测按[ESC]键,按[ENT]键返回到①"Fore Pn"提示
Fore Pn PN2	⑧ 若要放样另一点按[ESC]键

(2)手工输入放样点高程、点号和有关信息的测量步骤见表 13.14。

表 13.14　手工输入放样点高程、点号和有关信息的放样测量操作

显示屏显示	操　　作
Fore Pn 40	① 在后视测量完毕、前视测量之前按[IN/SO]键
Inter - mediate	② 按[▲]或[▼]键,选择放样菜单
Set Out	③ 按[ENT]键
Read Coordi?	④ 按[ESC]键,取消调用数据程序
Set Ht?	⑤ 输入放样点高程,按[ENT]键

续表 13.14

显示屏显示	操　　作
So Pn?	⑥ 输入放样点点号，按[ENT]键
Info1?	⑦ 输入放样点有关信息，按[ENT]键
So Pn PN1	⑧ 按[▲]或[▼]键，确认数据；瞄准放样点上的水准尺，按[MEAS]键
Rec = ENT Cont = ESC	⑨ 显示观测值及放样误差，按[ENT]键记录
End = ENT Cont = ESC Fore Pn PN2	⑩ 若重测，按[ESC]键，按[ENT]键返回到 Fore Pn 提示；若放样另一点，按[ESC]键，重复上述操作

* 若要结束线路测量，在前组测量完毕、后组测量之前，在"Back Pn"提示时，按[MENU]键，按[▲]或[▼]键，选择结束(close)模式菜单，按[ENT]确认，输入结果点号确认

* 按[SRCH]键，可查询和显示记录的数据，按[▲]或[▼]键变更数据模式

四、注意事项

(1) 电子数字水准仪为精密测量仪器，应避免强烈震动或冲击，防止日晒雨淋或受潮。
(2) 将仪器从箱中取出时应小心轻放，严禁直接置于地上。
(3) 搬运时，必须将仪器从三脚架上取下。仪器装箱时，务必先关闭电源并取下电池。

实验十四　电子全站仪的使用

一、目的与要求

(1) 了解电子全站仪的性能及主要部件的名称和作用。
(2) 了解电子全站仪的基本操作方法。

二、计划与设备

(1) 实验时数为 2 学时，实验小组 4 人，轮流参观和操作仪器，并作记录。

(2) 实验设备为 PTS-Ⅲ-05(PENTAX)、FALDY-7i (JEC)、GTS-601AF (TOPCON)全站仪各一台,与全站仪相配套的棱镜觇板两块。

(3) 实验前,应详细阅读本实验的内容。

三、方法与步骤

由实验室人员安置好全站仪与棱镜觇板,向各实验小组介绍全站仪的主要构件和操作方法,然后轮流操作仪器,进行瞄准、施测、读数和记录。

(一)PTS-Ⅲ-05 电子全站仪

1.PTS-Ⅲ-05 电子全站仪的外部构件、名称及各键功能

(1) 图 14.1 所示为 PTS-Ⅲ-05[测角精度为 5″、测距精度为 $\pm(3+2\times D\times10^{-6})$mm]电子全站仪(日本宾得电子全站仪)的外形、各部构件及其名称。

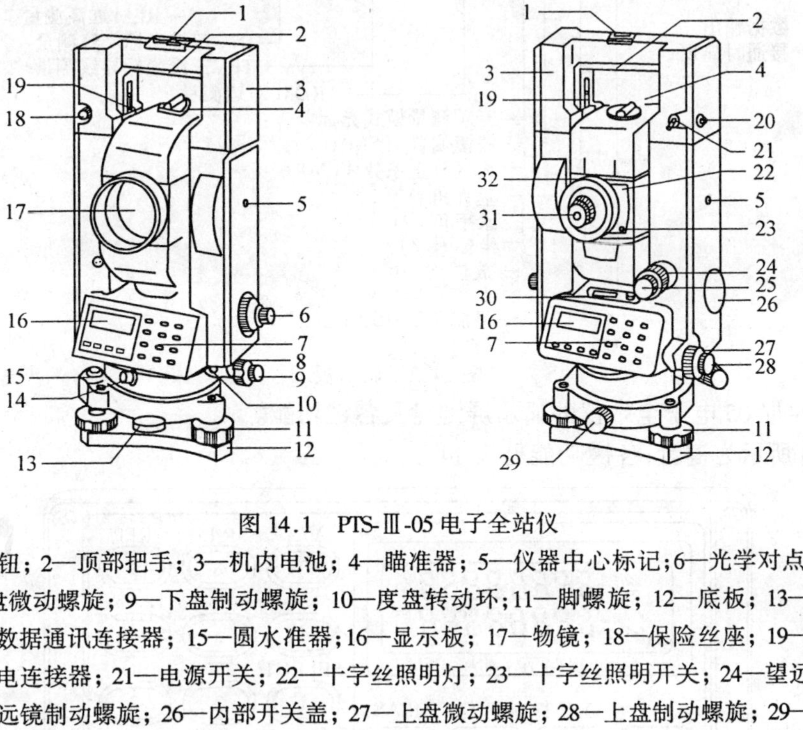

图 14.1　PTS-Ⅲ-05 电子全站仪

1— 电池锁钮；2—顶部把手；3—机内电池；4—瞄准器；5—仪器中心标记；6—光学对点器；7—键盘；8—下盘微动螺旋；9—下盘制动螺旋；10—度盘转动环；11—脚螺旋；12—底板；13—三角基座锁杆；14—数据通讯连接器；15—圆水准器；16—显示板；17—物镜；18—保险丝座；19—顶把手锁钮；20—充电连接器；21—电源开关；22—十字丝照明灯；23—十字丝照明开关；24—望远镜微动螺旋；25—望远镜制动螺旋；26—内部开关盖；27—上盘微动螺旋；28—上盘制动螺旋；29—对中固定螺丝；30—水准管；31—目镜；32—调焦环

(2) PTS-Ⅲ-05 电子全站仪的显示屏见图 14.2。

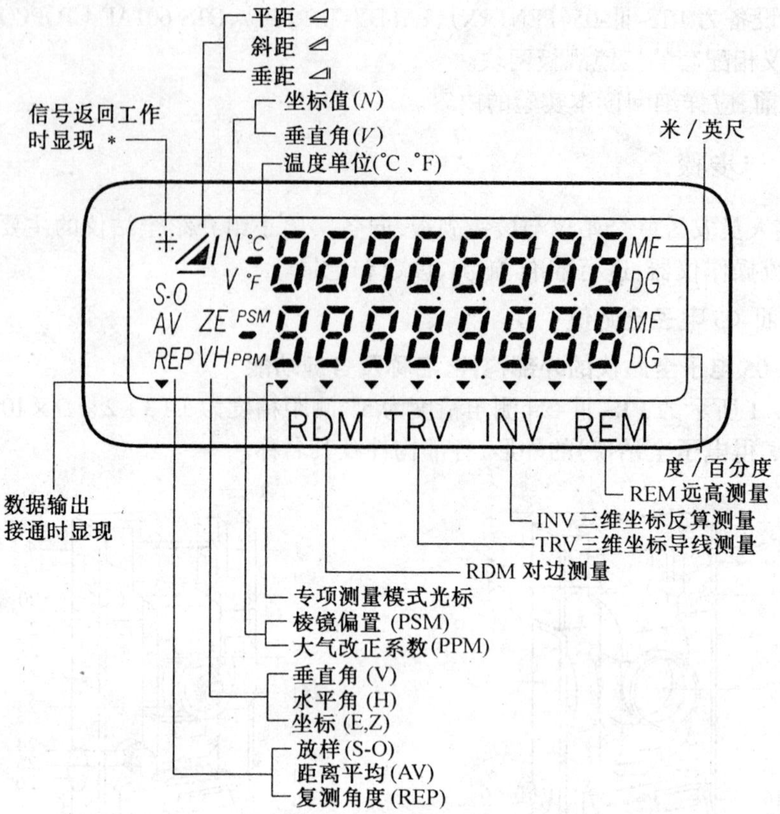

图 14.2　显示板

(3) PTS-Ⅲ-05 电子全站仪的显示屏键盘及各键功能。

图 14.3 所示为键盘;各键功能见表 14.1。

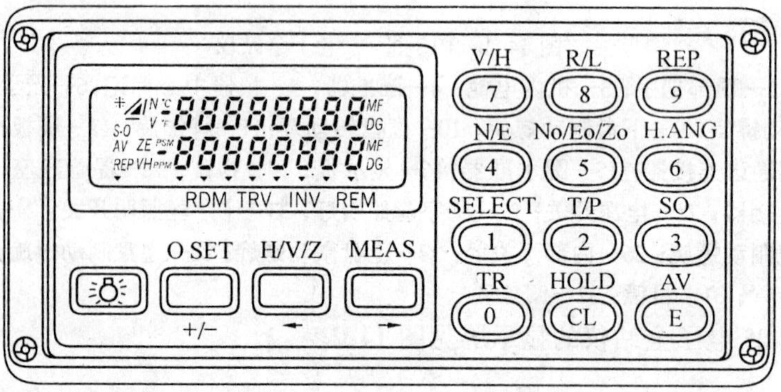

图 14.3　PTS-Ⅲ-05 电子全站仪的显示屏键盘

表 14.1　PTS-Ⅲ-05 电子全站仪的显示屏各键功能

键符	功　能	键符	功　能
0 SET / +/-	安置水平角 0;数字输入,输入“+”和“-”符号	SO / 3	确认存储中数据,输入安置距离或取出安置距离;输入 3
H/V/Z / ←	安置测距模式,平距/水平角,斜距/竖直角和垂距/Z 坐标,以每个键操作顺序来显示;向左移动光标	N/E / 4	安置 N(X)/E(Y)模式;输入 4
AV / E	得到多次(3 或 5 次)测距的平均值(单位:mm);输入温度、气压值、放样数据和测站点坐标等	N0/E0/Z0 / 5	确认输入仪器点的坐标值或取出输入值;输入 5
MEAS / →	按精测模式测距(单位:mm);向右移动光标	H.ANG / 6	输入任意水平角;输入 6
HOLD / CL	在 MEAS、AV、或 TR 模式中,光量度不稳时,中止光量自动调节功能;清除输入值	V/H / 7	安置竖直 V/水平 H 角度模式(当电源接通时,这种模式自动初始化);输入 7
TR / 0	在 TR 模式中测距,按键 1 次显示单位为 cm 的距离,按键 2 次显示单位为 mm 的距离;输入 0	R/L / 8	选择水平度盘的左角或右角;输入 8
SELECT / 1	规定任一种专用功能,每次按键能依次按 RDM→TRV→INV→REM 轮换变换;输入 1	REP / 9	进行角度复测;输入 9
T/P / 2	为了确认和更换,取出存储的温度和气压;确认电池的剩余量;输入 2	[illegible]	照明显示板(照明约 1 min,自动关闭电源)

2. PTS-Ⅲ-05 电子全站仪的功能

(1) 角度测量、距离测量、坐标测量。

(2) 专项测量:对边测量(RDM)、三维导线测量(TRV)、三维反算测量(INV)、远高测量(REM)。

3. PTS-Ⅲ-05 电子全站仪观测前的准备工作

(1) 仪器的整平和对中与经纬仪同(略)。

(2) 接通电源:显示板全部点亮,然后自检,显示为 0/SET;转动望远镜,检验竖直度盘指标差,仪器自动安置到竖直(垂直)V/水平 H 的角度模式。

4. 角度测量

角度测量步骤见表 14.2。

表 14.2 PTS-Ⅲ-05 电子全站仪角度观测操作

显示屏显示	操　　作
V 87.50.36D H 0.00.00D	(1)水平度盘置零:照准第一个目标,轻轻按 0 SET 键,当蜂鸣器正响时再次按 0 SET 键,安置水平度盘为 0°00′00″
V 87.50.36D H 61.47.10D	(2) 水平角和竖直(垂直)角测量:使用上盘及望远镜的制动和微动螺旋照准第二个目标,自动显示读数 H—水平度盘读数,V—竖直度盘读数(其他与经纬仪方法相同)
V 87.50.36D H -298.12.50D V 87.50.36D H 61.47.10D	(3) 水平角(逆时针)测量:按 R/L 8 键,水平角测量将从盘右到盘左操作,数值将带一个负号。再按 R/L 8 键,回到水平(顺时针)角度测量模式
V 87.50.36D REP H 00.00.00D V 87.50.36D REP H 120.15.10D AV 120.15.10D REP H 120.15.10D 平均的水平角 AV 120.15.10D REP H 240.30.20D 总和的水平角 复测次数 AV 2 REP H 240.30.20D 总和的水平角	(4) 角度复测: ① 瞄准第一觇板连续按两次 REP 9 键(蜂鸣器响),安置角度复测模式,显示屏显示“REP” ② 用望远镜制动和微动螺旋瞄准第二觇板,按 AV E 键输入第二觇板水平角 ③ 使用下盘及望远镜的制动和微动螺旋,再次瞄准第一觇板(切勿扰动上盘制动和微动螺旋) ④ 使用上盘及望远镜的制动和微动螺旋瞄准第二觇板,按 AV E 键 ⑤ 重复③、④的步骤,测量角度到要求的次数为止(最多可复测 9 次)。显示平均水平角和总和水平角 ⑥ 当测量确认到要求测量次数时按 R/L 8 键,显示复测次数和总和水平角 ⑦ 按两次 REP 9 键取消复测模式

5. 距离测量

望远镜瞄准棱镜中心,对于精密量距需要输入温度和气压值。距离测量步骤见表14.3。

表 14.3　PTS-Ⅲ-05 电子全站仪距离测量操作

显示屏显示	操　　作
* 126.621M H 61.47.10D * 126.821M V 85.55.20D	(1) 精测模式(单位:mm):按 MEAS 键,显示平距值同时显示水平角。按  键,测量斜距(显示斜距值同时显示竖盘读数)和垂距(显示垂距值同时显示 Z 坐标)
* 89.872M Z 89.872M	(2) 跟踪测量:按 TR 0 键测距,每隔 0.6 s 显示以 cm 为单位的测量值;按 TR 0 键 2 次,以获得每隔 0.8 s 显示以 mm 为单位的测量值
1260.621M AV H 61.47.10D	(3) 平距测距:每 3 次或 5 次测量得到 1 个平均值,用仪器内部开关选定测量次数。按 AV E 键,测量距离。再次按 AV E 键,重复测量和得到另一组平均值
H 61.47.10D S-O 00000.000M S-O 00085.000M H 61.47.10D 测量距离比安置距离长 * 2.100M S-O H 61.47.10D 测量距离比安置距离短 * -2.100M S-O H 61.47.10D	(4) 放样测量: ① 按  键,安置水平距离显示模式(获得平距) ② 按 SO 3 键,安置放样模式 ③ 输入安置值的数字 ,按 AV E 键 ④ 望远镜瞄准棱镜中心,按 TR 0 键测距,显示与安置距离的差(表示测量距离比安置距离长(负号为短)2.1 m) * 放样测量对于斜距和垂距采用相同模式,这个模式也可用在坐标测量上 * 清除安置距离,按 HOLD CL 键;取出安置距离按 SO 3 键;清除显示值后按 AV E 键

续表 14.3

显示屏显示	操　　作
温度　气压 °C　015　760M PPM　000　08 补偿系数 剩余的电池容量 °C　- 015　760M PPM　000　08	(5) 输入温度和气压: ① 按  键,安置温度气压输入模式 ② 按  键,闪亮光标向左移动一位 ③ 按  键,输入( )符号 ④ 按数字键输入温度和气压 ⑤ 按  键,计算大气补偿系数并以“ppm”(百万分之一)为显示单位,再按  键,结束输入 * 按  键,取出和确认安置的温度和气压,按 3 次  键,可重新输入
	(6) 输入棱镜常数: 棱镜常数安置成一个标准值,如果使用不同的棱镜,需要重新安置所使用棱镜的棱镜常数

6. **坐标测量**

坐标测量如图 14.4 所示,可获得任一个所求目标对仪器站点的坐标值。

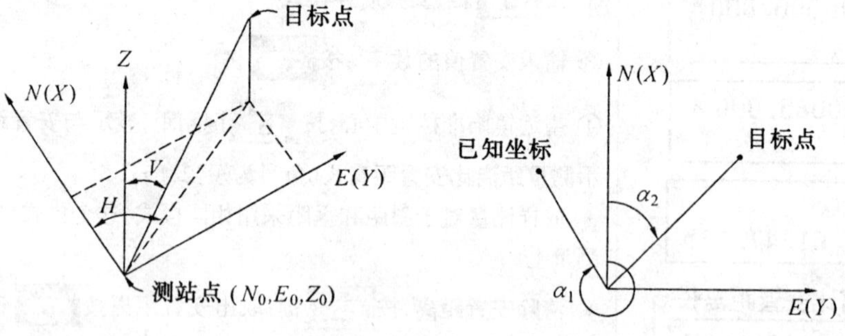

图 14.4　坐标测量

(1) 测站点坐标输入。若测站点坐标为(0,0,0)此步省略。

设测站点坐标为(N_0:15.000,E_0:85.500,Z_0:26.000),输入步骤见表 14.4。

表 14.4　PTS-Ⅲ-05 电子全站仪测站点坐标输入操作

显示屏显示	操　　作
N 00000.000M	① 按  键,安置坐标测量模式
N 00015.000M	② 按数字键,输入仪器站点的 N 坐标,按  键存储

续表 14.4

显示屏显示	操　作
E　00085.500 M	③ 按数字键,输入测站点的 E 坐标,按[AV/E]键存储
Z　00026.000 M	④ 按数字键,输入测站点的 Z 坐标,按[AV/E]键存储。完成测站点坐标输入,恢复到原来显示模式
V　87.50.36 D H　61.47.10 D	* 重复上述步骤,可重新读取和确认输入坐标值;按[HOLD/CL]键,清除数值,而后按[AV/E]键,当电源关闭时,坐标自动地清除了

(2) 坐标测量见表 14.5。

表 14.5　PTS-Ⅲ-05 电子全站仪坐标测量操作

显示屏显示	操　作
V　85.42.20 D H　320.25.50 D	① 放松全部制动螺旋,转动照准部,使水平角接近显示的已知坐标的方位角,固定制动螺旋 ② 使用上盘微动螺旋,安置显示值到已知坐标的方位角 α_1
V　75.25.30 D H　320.25.50 D	③ 使用下盘制动和微动螺旋、望远镜制动和微动螺旋,照准已知坐标点
V　80.30.30 D H　60.30.20 D	④ 使用上盘制动和微动螺旋、望远镜制动和微动螺旋,照准目标点(棱镜)
◢N E	⑤ 按[N/E 4]键,安置显示模式
*◢N　65.236 M E　127.567 M	⑥ 按[MEAS]键,测量距离,而后同时显示目标点的 N 坐标(X)和 E 坐标(Y)
*◢l　2.215 M Z　28.720 M	⑦ 按[illegible]键,显示 Z 坐标 * 重复上述步骤④,仪器自动跟踪新点的坐标测量。

7. 专项测量

连续按[SELECT/1]键,选择专项测量模式之一,按[AV/E]键,确定。

* 按[SELECT/1]键,顺序出现 4 个模式,对边测量(RDM)选择 1;三维导线测量(TRV)选择 2;三维反算测量(INV)选择 3;远高测量(REM)选择 4。

(1) 对边测量(RDM)。对边测量如图 14.5 所示,用于测量棱镜之间的平距(HR)和垂距(VR),操作步骤见表 14.6 所示。

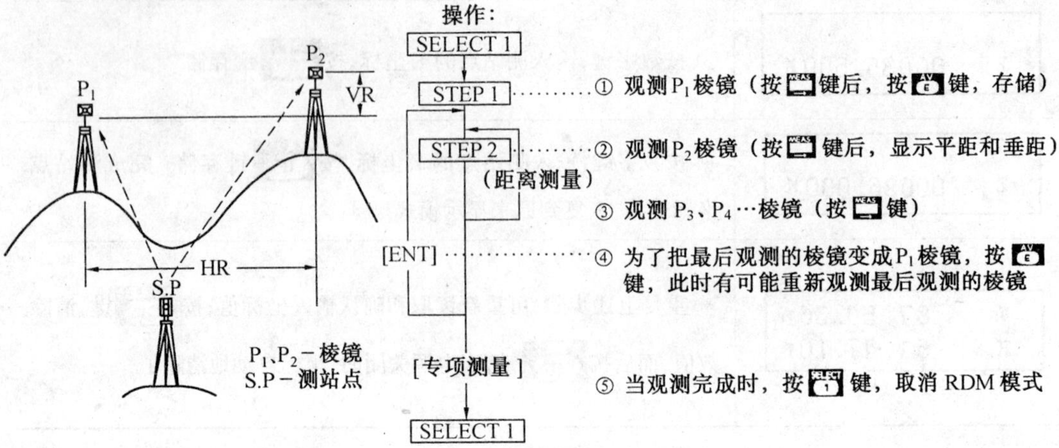

图 14.5 对边测量(RDM)

表 14.6 PTS-Ⅲ-05 电子全站仪对边测量操作

显示屏显示	操作
SELECT 1	① 在需要测距的两点上分别安置反射棱镜 P_1 和 P_2 ② 打开电源后,上下转动望远镜,按 SELECT 1 键,选择 SELECT1(RDM 模式)
◢ STEP 1 V 85.55.20D	③ 按 AV E 键,执行 RDM 模式
*◢ 21.358M V 85.55.20D	④ 瞄准棱镜 P_1,按 MEAS 键,显示测站点到棱镜 P_1 的斜距
◢ STEP 2 V 85.55.20D	⑤ 按 AV E 键,存储测站点到棱镜 P_1 的斜距和垂直角
*◢ 43 V 85.55.20D	⑥ 瞄准棱镜 P_2,按 MEAS 键,显示测站点到棱镜 P_2 的斜距后;显示两点间(P_1和 P_2)的垂距(VR)与平距(HR)
*◢ 26.358M V 85.55.20D *◢ 2.215M 28.720M	⑦ 若重复步骤⑥可以测得任何数量的点 P_1 和 P_i 间的垂距与平距;若按 AV E 键,将 P_2 变成第一个棱镜,瞄准棱镜 P_3,按 MEAS 键,显示两点间(P_2和 P_3)的垂距与平距;重复此步骤可以测得任何数量的点 P_i 和 P_{i+1}间的垂距与平距。连续按 SELECT 1 键 5 次,取消 RDM 模式

(2) 三维导线测量(TRV)。三维导线测量如图 14.6 所示，根据测站点坐标和后视点坐标，或测站点坐标和后视方位角求新点坐标。根据工作条件选择测量方法。

① 输入已知坐标的导线测量：输入测站点和后视点的坐标，观测新点，操作步骤见表 14.7。

② 输入方位角的导线测量：输入测站点坐标和后视点方位角，观测新点，操作步骤见表 14.8。

③ 坐标转换的活动导线：利用观测点坐标和仪器存储器中的已知点坐标，观测新点，操作步骤见表 14.9。

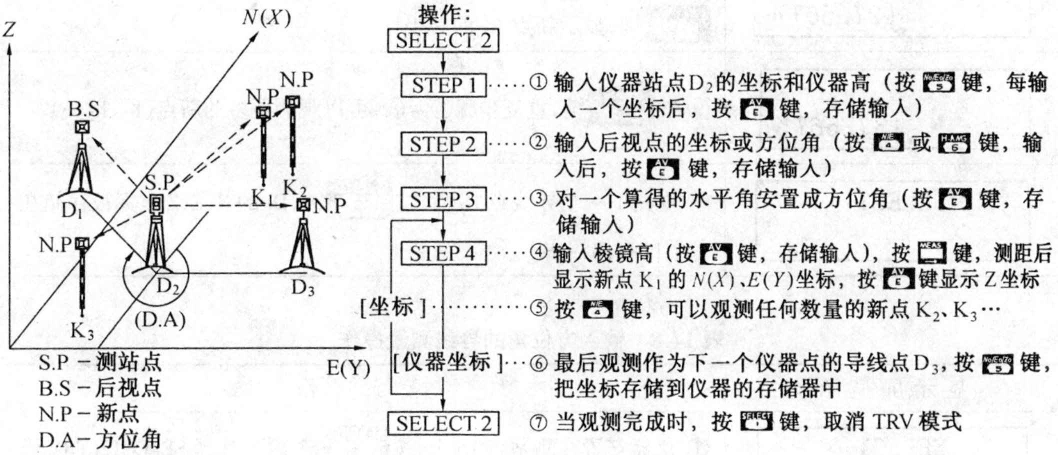

图 14.6　三维导线测量(TRV)

表 14.7　输入已知坐标的导线测量操作

显示屏显示	操　　作
SELECT 2	① 仪器安置在测站点 D_2 上，按 [SELECT 1] 键 2 次，选择 SELECT2(TRV 模式)；瞄准后视点 D_1
STEP 1	② 按 [AV E] 键，执行 TRV 模式
N STEP 1 00010.000 M	③ 按 [N/E/Z 5] 键，输入测站点 D_2 的坐标；每输入 1 个坐标后，按 [AV E] 键存储(分别是 N、E、Z 坐标)
STEP 1 h 01.500 M	④ 输入仪器在 D_2 的仪器高(地面到仪器中心的垂距)，输入后按 [AV E] 键存储，完成 STEP1 后，继续做 STEP2
N STEP 2 00015.000 M	⑤ 按 [N/E 4] 键，输入后视点 D_1 坐标(分别是 N、E 坐标)，按 [AV E] 键存储，继续做 STEP3

续表 14.7

显示屏显示	操　　作
STEP 3 HA SET	⑥ 按【AV/E】键,安置方位角
STEP 4 h 01.200 M	⑦ 继续做 STEP4,输入新点 K_1 的棱镜高(地面到棱镜中心的垂距),按【AV/E】键,存储输入
* N 65.236 M E 127.567 M	⑧ 瞄准 K_1 棱镜,按【MEAS】键测量距离,显示新点 K_1 的 N、E 坐标,按【N/E/4】键,显示新点 K_1 的 Z 坐标
* Z 137.567 M	⑨ 按【N/E/4】键,重复步骤⑦~⑧,可以观测更多的新点(K_2、K_3…)
SELECT 2	⑩ 观测下一个导线点 D_3 后,按【N/E/Z/5】键,D_3 的 N、E、Z 坐标被存储在仪器的存储器中

表 14.8　输入方位角的导线测量操作

显示屏显示	操　　作
SELECT 2	① 仪器安置在测站点 D_2 上,按【SELECT/1】键 2 次,选择 SELECT2(TRV 模式);瞄准后视点 D_1
STEP 1	② 按【AV/E】键,执行 TRV 模式
N STEP 1 00010.000 M	③ 按【N/E/Z/5】键,输入测站点 D_2 的坐标;每输入一个坐标后,按【AV/E】键存储(分别是 N、E、Z 坐标)
STEP 1 h 01.500 M	④ 输入仪器在 D_2 的仪器高(地面到仪器中心的垂距),输入后按【AV/E】键存储,完成 STEP1 后,继续做 STEP2
STEP 2 H 320.25.50 D	⑤ 按【H.ANG/6】键,输入方位角;按【AV/E】键,存储输入。完成 STEP2 后,继续做 STEP3
STEP 3 HA SET	⑥ 按【AV/E】键,确认输入的方位角
STEP 4 h 01.200 M	⑦ 继续做 STEP4,输入新点 K_1 的棱镜高(地面到棱镜中心的垂距),按【AV/E】键,存储输入

表 14.8　输入方位角的导线测量操作

显示屏显示	操　　作
*◢ N　65.236 m E　127.567 m	⑧ 瞄准 K_1 棱镜按 MEAS 键测量距离，显示新点 K_1 的 N、E 坐标，按 N/E 4 键，显示新点 K_1 的 Z 坐标
*◢ Z　137.567 m	⑨ 按 N/E 4 键，重复步骤⑦～⑧，可以观测更多的新点（K_2、K_3…）
SELECT 2	⑩ 观测下一个导线点 D_3 后，按 N/E/Z 5 键，D_3 的 N、E、Z 坐标被存储在仪器的存储器中。

表 14.9　坐标转换的活动导线操作

显示屏显示	操　　作
SELECT 2	① 仪器安置在新测站点 D_3 上，瞄准后视点 D_2。连续按 SELECT 1 键 2 次，选择 SELECT2（TRV 模式）
STEP　1	② 按 AV E 键，执行 TRV 模式
N　STEP　1 00065.236 m	③ 按 N/E/Z 5 键，连续按 AV E 键 3 次，分别跳过 N、E、Z 坐标
STEP　1　h 01.500 m	④ 输入仪器在 D_3 的仪器高（地面到仪器中心的垂距），按 AV E 键存储，完成 STEP1 按 AV E 键
STEP　2	⑤ 按 AV E 键，跳过 STEP2 到 STEP3
STEP　3 HA　SET	⑥ 按 AV E 键，允许仪器中的水平角安置成算得的方位角
STEP　4　h 01.200 m	⑦ 继续做 STEP4，输入新点 K_1 的棱镜高（地面到棱镜中心的垂距），按 AV E 键，存储输入
*◢ N　65.236 m E　127.567 m	⑧ 瞄准 K_1 棱镜按 MEAS 键测量，显示新点 K_1 的 N、E 坐标，按 N/E 4 键，显示新点 K_1 的 Z 坐标
*◢ Z　137.567 m	⑨ 按 N/E 4 键，重复步骤⑦～⑧，可以观测更多的新点（K_2、K_3…）

续表 14.9

显示屏显示	操作
SELECT 2	⑩ 观测下一个导线点 D_4 后，按 N/E/Z 5 键，D_4 的 N、E、Z 坐标被存储在仪器的存储器中。 * 连续按 SELECT 1 键 4 次，取消 TRV 模式

(3) 三维反算测量(INV)。三维反算测量如图 14.7 所示，根据已知的测站点坐标，后视点坐标和方位角反算出测量点的坐标。对于一个反算测量点，水平角和平距是由仪器自动计算得到的，测量时，显示测量值与计算值之差。有三种测量方法可供选择。

① 输入已知坐标的反算测量：输入测站点、后视点和反算出的坐标来完成，操作步骤见表 14.10。

② 输入方位角的反算测量：输入测站点坐标、方位角和反算出的坐标来完成，操作步骤见表 14.11。

③ 连系导线测量的反算测量：仪器安置在新测得的坐标点上，利用仪器存储器中存储的测站点和后视点坐标来完成，操作步骤见表 14.12。

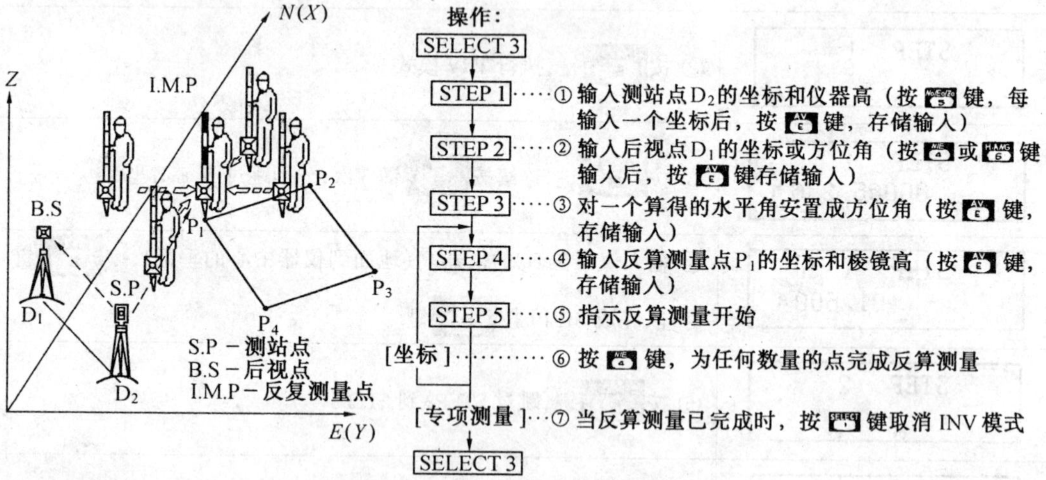

图 14.7 三维反算测量(INV)

表 14.10 输入已知坐标的反算测量

显示屏显示	操作
SELECT 3	① 仪器安置在测站点 D_2 上，瞄准后视点 D_1。连续按 SELECT 1 键 3 次，选择 SELECT3(INV 模式)
STEP 1	② 按 AV E 键，执行 INV 模式

续表 14.10

显示屏显示	操　　作
N　STEP　1 00000.000 M	③ 按[N/E/Z 5]键，分别输入测站点 D_2 的 N、E、Z 坐标和仪器高（每输入 1 个坐标后，按[AV E]键存储输入）
N　STEP　2 00015.000 M	④ 完成 STEP1 继续做 STEP2；按[N/E 4]键，分别输入后视点 D_1 的 N、E 坐标，按[AV E]键存储输入
STEP　2	⑤ 完成 STEP2 按[AV E]键，继续 STEP3
STEP　3 HA　SET	⑥ 按[AV E]键，仪器中的水平角安置成算得的 D_2 和 D_1 直线的方位角
N　STEP　4 00000.000 M	⑦ 继续做 STEP4，分别输入反算测量点 P_1 的 N、E、Z 坐标和棱镜高，每输入一个坐标按[AV E]键存储输入
N　STEP　5 00.00.00D	⑧ 继续做 STEP5，此时显示屏显示出反算点与目标点角度的差值。转动上盘调整目标方向，用制动和微动螺旋使显示屏角度为零
*◢　-0.004 M H　00.00.00D	⑨ 对准棱镜按[TH 0]键测距，此时显示屏显示出反算点与目标棱镜点距离的差值（若为正数，向测站方向移动棱镜；若为负数，远离测站方向移动棱镜。），必要时按[MEAS]键，测量距离
*◢ Z　0.782 M	⑩ 按[N/E 4]键，显示反算测点的 dZ 值；再按[N/E 4]键，重复步骤⑦～⑨可以完成更多的反算测点（P_2、P_3…）

表 14.11　输入方位角的反算测量操作

显示屏显示	操　　作
SELECT 3	① 仪器安置在测站点 D_2 上，瞄准后视点 D_1。连续按[SELECT 1]键 3 次，选择 SELECT3（INV 模式）
STEP　1	② 按[AV E]键，执行 INV 模式
N　STEP　1 00000.000 M	③ 按[N/E/Z 5]键，分别输入测站点 D_2 的 N、E、Z 坐标和仪器高（每输入 1 个坐标后，按[AV E]键存储输入）

续表 14.11

显示屏显示	操　　作
STEP 2 H 320.25.50D	④ 完成 STEP1 继续做 STEP2;按 H.ANG 6 键,输入方位角按 AV E 键存储输入
STEP 2	⑤ 完成 STEP2 按 AV E 键,继续 STEP3
STEP 3 HA SET	⑥ 按 AV E 键,确认输入的方位角
N STEP 4 00000.000M	⑦ 继续做 STEP4,分别输入反算测量点 P_1 的 N、E、Z 坐标和棱镜高,按 AV E 键,存储输入
N STEP 5 00.00.00D	⑧ 继续做 STEP5,此时显示屏显示出反算点与目标点角度的差值。转动上盘调整目标方向,用制动和微动螺旋使显示屏角度为零
* -0.004M H 00.00.00D	⑨ 对准棱镜按 TR 0 键测距,此时显示屏显示出反算点与目标棱镜点距离的差值(若为正数,向测站方向移动棱镜;若为负数,远离测站方向移动棱镜),必要时按 MEAS → 键,测量距离
* Z 0.782M	⑩ 按 N/E 4 键,显示反算测点的 dZ 值;再按 N/E 4 键,重复步骤⑦～⑨可以完成更多的反算测点(P_2、P_3…)

表 14.12　连系导线测量的反算测量操作

显示屏显示	操　　作
SELECT 3	① 仪器安置在测站点 D_3 上,瞄准后视点 D_2。连续按 SELECT 1 键 3 次,选择 SELECT3(INV 模式)
STEP 1	② 按 AV E 键,执行 INV 模式(使用 TRV 中使用的的坐标,不需要输入后视点坐标)
N STEP 1 00000.000M	③ 按 N/E/Z 5 键,连续按 AV E 键 3 次,分别跳过 N、E、Z 坐标
STEP 2 H 320.25.50D	④ 输入仪器在 D_3 的仪器高(地面到仪器中心的垂距),按 AV E 键存储,完成 STEP1 到 STEP2

续表 14.12

显示屏显示	操　　作
STEP　2	⑤ 按 AV E 键，跳过 STEP2 到 STEP3（确认内存中已存储的后视点坐标）
STEP　3 HA　SET	⑥ 按 AV E 键，确认输入的方位角
N　STEP　4 00000.000 M	⑦ 继续做 STEP4，分别输入反算测量点 P_1 的 N、E、Z 坐标和棱镜高，按 AV E 键，存储输入
N　STEP　5 00.00.00D	⑧ 继续做 STEP5，此时显示屏显示出反算点与目标点角度的差值。转动上盘调整目标方向，用制动和微动螺旋使显示屏角度为零
*◢　-0.004 M H　00.00.00D	⑨ 对准棱镜按 TR 0 键测距，此时显示屏显示出反算点与目标棱镜点距离的差值（若为正数，向测站方向移动棱镜；若为负数，远离测站方向移动棱镜。），必要时按 MEAS 键，测量距离
*◢ Z　0.782 M	⑩ 按 N/E 4 键，显示反算测点的 dZ 值；再按 N/E 4 键，重复步骤⑦～⑨可以完成更多的反算测点（P_2、P_3…） ＊ 连续按 SELECT 1 键三次，取消 INV 模式

(4) 远高测量(REM)。远高测量如图 14.8 所示，可以比较容易地测量出输电线、桥梁钢索或其他不能直接安置棱镜目标的高度 *H*。在需要测量高度的目标下面，安置棱镜并量出从地面到棱镜中心的垂距(ZPSM)，操作步骤见表 14.13。

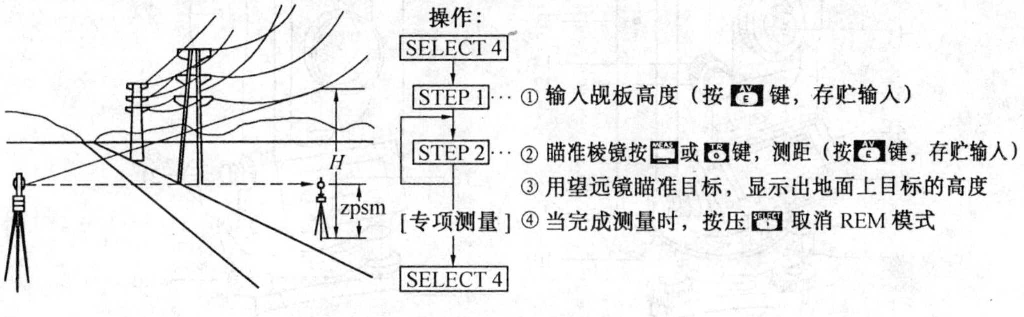

图 14.8　远高测量

表 14.13　PTS-Ⅲ-05 电子全站仪远高测量操作

显示屏显示	操　　作
SELECT 4	① 安置仪器后,连续按 [SELECT 1] 键 4 次,选择 SELECT4(REM 模式)
STEP　1 h zPSM　00.000M	② 按 [AV E] 键,执行 REM 模式
STEP　1 h zPSM　01.450M	③ 输入棱镜高度,按 [AV E] 键,存储输入
STEP　2 V　90.12.30D	④ 瞄准棱镜按 [MEAS] 或 [TR O] 键测距,按 [AV E] 键存储
8.621M V　80.12.30D	⑤ 用望远镜瞄准目标,显示出地面上目标的高度 H * 连续按 [SELECT 1] 键 2 次,取消 REM 模式

(二)FALDY-7i 汉显电脑型全站仪

1. FALDY-7i 汉显电脑型全站仪的外部构件、名称及各键功能

(1) 图 14.9 所示为 FALDY-7i[测角精度为 5″、测距精度为 $\pm(3+2D\times10^{-6})$mm]汉显电脑型全站仪的外形、各部构件及其名称。

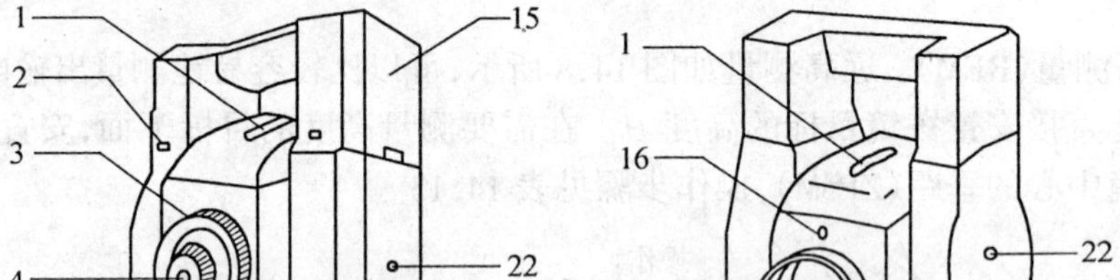

图 14.9　FALDY-7i 汉显电脑型全站仪

1— 瞄准器；2—电池安装按钮；3—望远镜调焦螺旋；4—望远镜目镜；5—水准管；6—液晶显示屏(正面)；7—操作键盘；8—圆水准器；9—外部通讯接口；10—电源开关；11—水平微动螺旋；12—水平制动螺旋；13—望远镜竖直微动螺旋；14—望远镜制动螺旋；15—手柄内部电池；16—红外线导向灯；17—望远镜物镜；18—液晶显示屏(反面)；19—基座安装把手；20—脚螺旋；21—光学对中器；22—仪器中心标记

2. FALDY-7i 汉显电脑型全站仪的功能

(1) 常规测量包括角度、距离、高差测量。

(2) 坐标测量、放样、交会。

3. FALDY-7i 汉显电脑型全站仪观测前的准备工作

(1) 仪器的整平和对中。仪器的整平和对中与经纬仪相同(略)。

(2) 开机、关机。开机:按[电源]键,上下转动望远镜,系统将天顶角置零,并将上一次关机状态调出。关机:在开机状态下,按[电源]键,屏幕提示如下:

[1A]键对应功能——系统再安装。

[3G]键对应功能——节电(将系统调整到耗电量最低状态,按任意键恢复)。

[-]键对应功能——复位;撤消关机指令到关机前状态。

按[ENT]键,关闭电源。

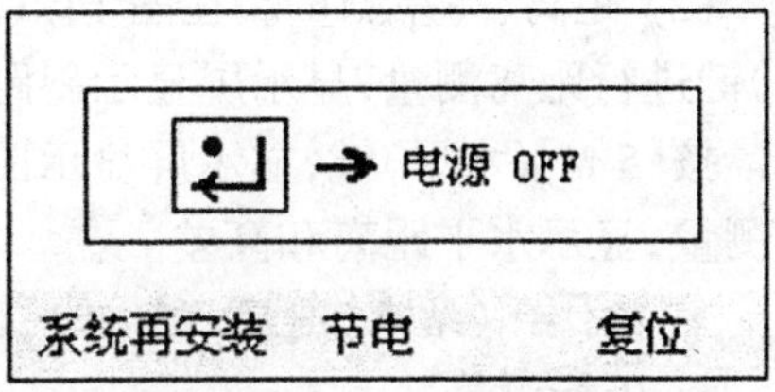

图 14.10　开机状态

(3) 系统安装。在放置系统卡的情况下进行系统安装。

在开机状态下,按[电源]键,屏幕显示如图 14.10 所示。这时选择[1 A]键“系统安装”,屏幕提示:上下转动望远镜后,请等待……显示如图 14.11,然后通过[↑]、[↓]键选择系统安装方式。

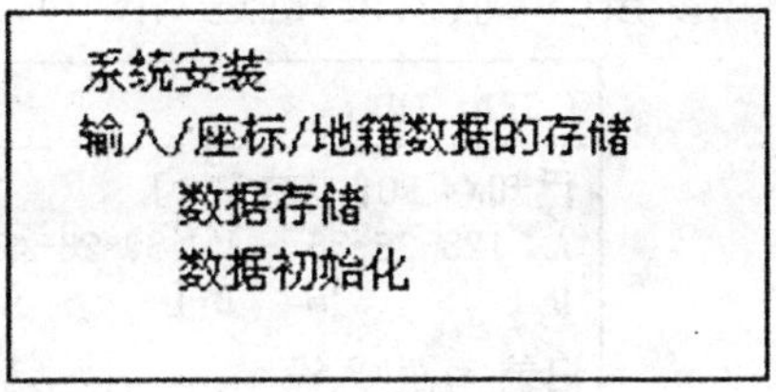

图 14.11　系统安装

① 数据存储:重新安装系统,对原有数据进行保存。

② 数据初始化:重新安装系统,对系统刷新。

(4) 在进行测量工作前首先进入如图 14.12 显示的系统界面。

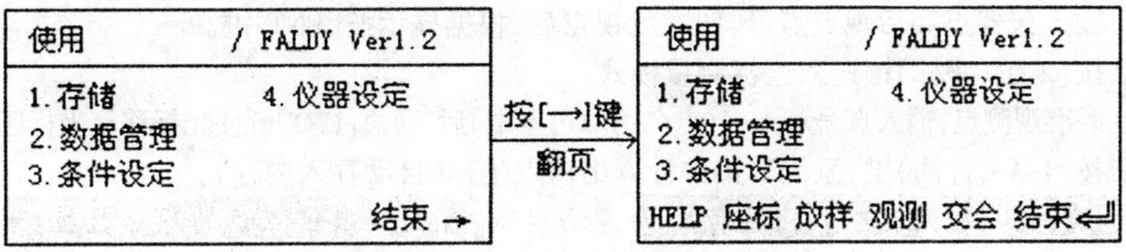

图 14.12　系统界面

4. FALDY-7i 汉显电脑型全站仪常规测量

(1) 角度测量。在图 14.12 显示系统界面下按[4 J](观测)键,显示如图 14.13 所示进入常规测量状态。按[3 G](A 设)键设置任意水平角;按[ESC]键选择需要的数字输入后按[ENT]键确定。

按[4 J](置零)键,使水平度盘读数为零,按[ENT]键确定。

水平角测量:瞄准目标后直接读数即可;竖直度盘读数同时显示。

* 按[-](结束)键显示屏回到图 14.12 系统界面。

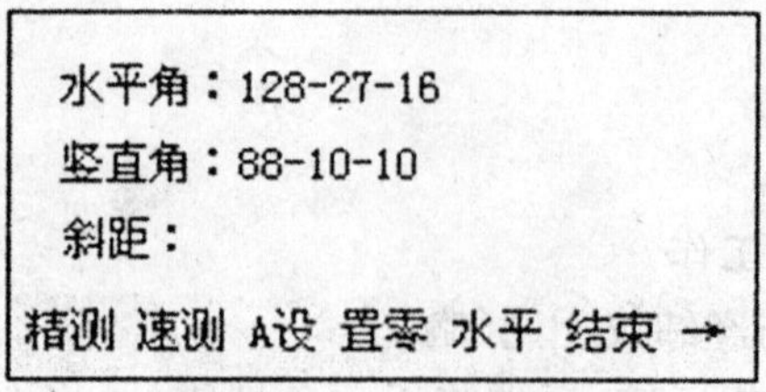

图 14.13　常规测量

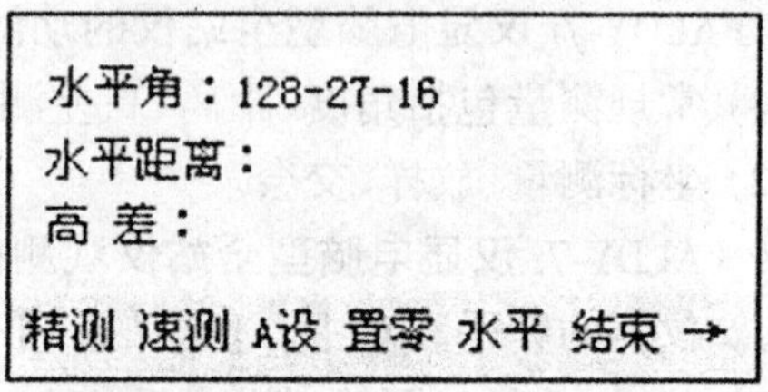

图 14.14　距离和高差测量

(2) 距离、高差测量。在图 14.13 显示的常规测量模式下，按[1 A](精测)或[2 D](速测)键进行距离测量；显示屏显示斜距。

按[5 M](水平)键，显示屏显示图 14.14 界面；按[1 A](精测)或[2 D](速测)键进行距离测量；显示水平距离和高差。

＊ 按[-](结束)键显示屏回到图 14.12 界面。

5. **坐标测量**

(1) 坐标测量。在图 14.12 显示系统界面下，按以下步骤进行：

① 按[5 M](交会)键进入图 14.15(a)显示界面。

② 按[3 G](入设)键进入图 14.15(b)显示界面。

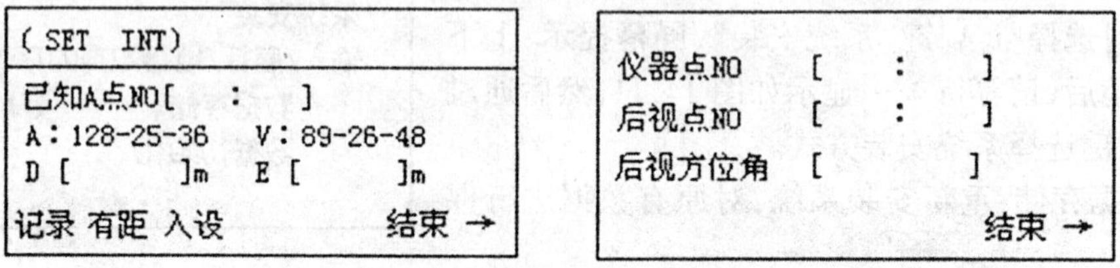

(a)　(b)

图 14.15　输入测站点和后视点点号

③ 输入仪器点和后视点点号，照准后视点后，根据提示按[ENT]键。

④ 按[2 D](座标)键进入坐标测量模式。

⑤ 照准观测点，输入点号和点名(点名可取可不取)后，通过[ENT]键使光标移至坐标区。

⑥ 按[1 A](计测)键，系统采集并计算出该点坐标(自动存入内存)。

＊ 按[3 G](极座)键，用上述同样的方法观测，可直接采集点位的原始数据：水平角(A)，斜距(D)，竖直角(V)；或水平角(A)，平距(E)。

(2) 读取坐标数据。在图 14.12 显示模式下，按以下步骤进行：

① 按[↓]键选择(2.数据管理)，按[ENT]确定。

② 选择(1.列表显示)，按[ENT]确定。

③ 按[↓]键选择(2.座标数据)，按[ENT]确定。

④ 按[2 D](全表)键进入坐标数据显示模式，按[↓]或[ENT]翻页显示。

6. **放样**

首先通过(座标)先把后视点、测站点及所有要放样的点的坐标输入全站仪。输入不分先后。

(1) 在图 14.12 显示系统界面下，按以下步骤进行：

① 按[3 G](放样)键选择放样功能。

② 输入观测信息：

STATION：测站点，输入测站信息；

BACK：后视点，输入后视点信息之前请照准后视点按[1 A]置零键，进行水平角置零，按[ENT]确定；

LAY：放样点，必须在放样之前把坐标输入全站仪。

③ 放样：输入以上信息后，仪器会自动用手势指示向左向右的度数，当手势变为手掌时，说明角度已正确，然后用[速测]或[精测]进行距离放样，全站仪在测距后用箭头指示前后差值，直到零为止，放样结束。

④ 对下一点放样，只要重新输入放样点点号按照指示放样即可(按上下箭头输入点号)；若此测站放样点全部放完，按[器终]键，全站仪会自动恢复到信息输入显示屏重复步骤③和④即可。

(2) 利用测量观测卡放样。

① 在测量观测卡主菜单上选择放样，按[ENT]确定。

② 输入文件索引号和文件名(文件名可输可不输)，按[ENT]确定。

＊ 如图 14.16 所示，给放样的内容起一个文件名，INDEX 代表文件索引号。所放样的点都被记录在这个文件中，放样结束后，可重新查询。

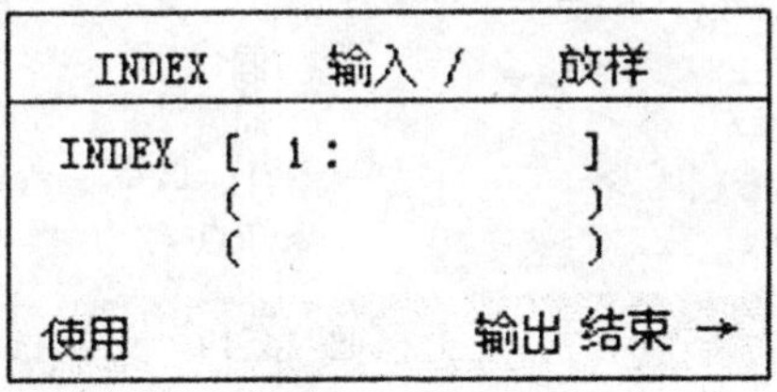

图 14.16　输入放样文件名及索引号

③ 输入各参数见图 14.17。

SC FACTOR：球面、平面改正系数。系统将根据比例系数将平面距离换算成球面距离。

S. RANGE：输入放样范围。确定以测站点为中心，以输入的数值为半径所确定的范围，以用于放样的检索。当放样点超出范围时，发出警告！

INDEX F：选择检索功能的有无：(1：OK)有；(2：NO)无。选择 1 可输入放样点的范围，避免漏放或多放。选择 2 则不显示。

LAY NO：范围输入对话框。输入后按[ENT]确定。

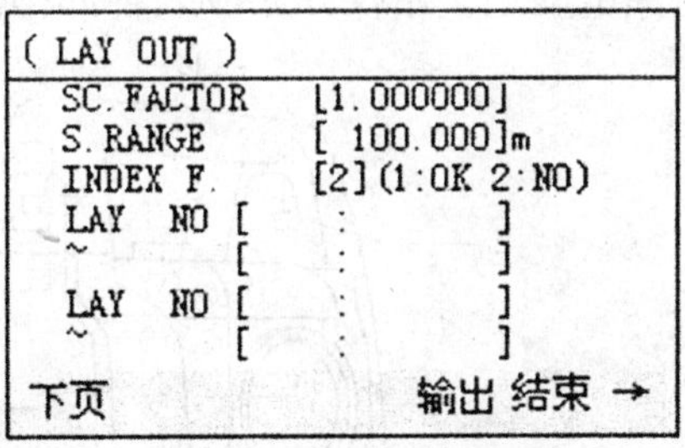

图 14.17　输入参数

④ 输入测站点点名；后视点点名，照准后视点按[ENT]确认，按[1 A](置零)键(水平角被置零)，按[ENT]确认。

⑤ 输入放样点的点号，按[ENT]确认。系统根据坐标，反算出该点与测站点间的平距(E)及与后视方向的夹角(A)，同时在界面上给予转角的提示，如图 14.18 所示(根据手势水平转动仪器至放样点的方向)。

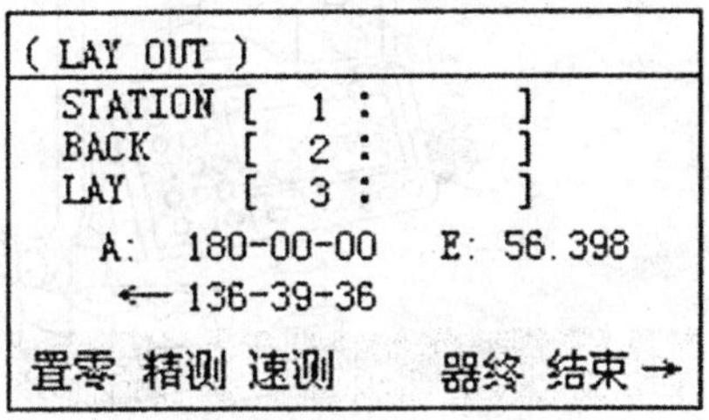

图 14.18　放样数据提示

⑥ 在视线上放置棱镜，按[测距]键，[测距]自动变为[中止]键，同时显示棱镜移动量。

⑦ 根据移动量，测站可指挥棱镜前后移动相应数值，直至误差允许范围。按[器终]继续下一点放样。当该测站全部放样完毕，按[器终]继续下一测站的放样。

⑧ 全部结束,调出[结束],结束整个工作。系统自动形成文件。

7. 交会

如图 14.19 所示,利用已知点坐标求未知点的坐标。步骤如下:

① 在图 14.12 显示系统界面下按[5 M](交会)键显示图 14.15(a)界面。

② 照准已知点 A,输入 A 点的点号及点名,按[1 A](记录)键。

③ 照准已知点 B,输入 B 点的点号及点名,按[1 A](记录)键。

④ 显示屏功能区出现功能[计算],按[4 J] (计算)键。

⑤ 如图 14.20 所示,输入未知点(仪器点)编号及名称;按[ENT]键,系统将数值存储记录。

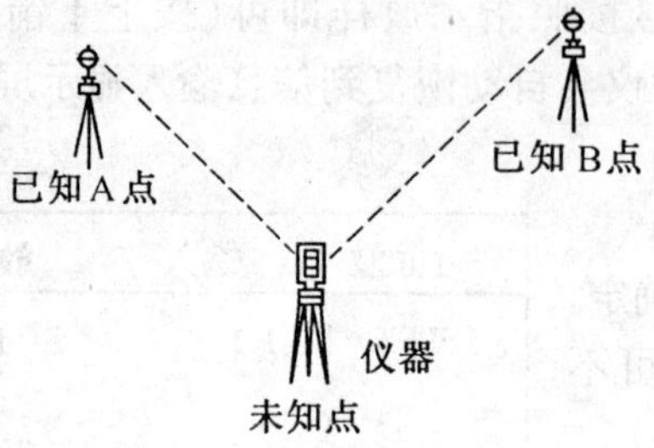

图 14.19 交会

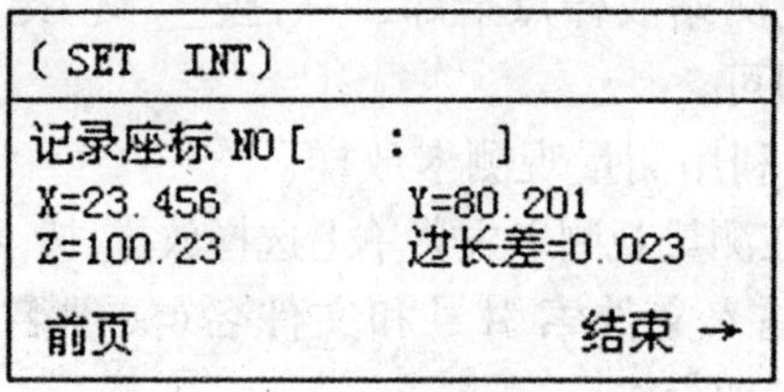

图 14.20 交会后输入坐标点号

(三)GTS-601AF 电脑型全站仪

1. GTS-601AF 电脑型全站仪的外部构件、名称及各键功能

(1) GTS-601AF[测角精度 ±1″、测距精度 $\pm(2+2D\times10^{-6})$ mm]电脑型全站仪(日本拓普康电脑型全站仪)的外形、各部构件及其名称,如图 14.21 所示。

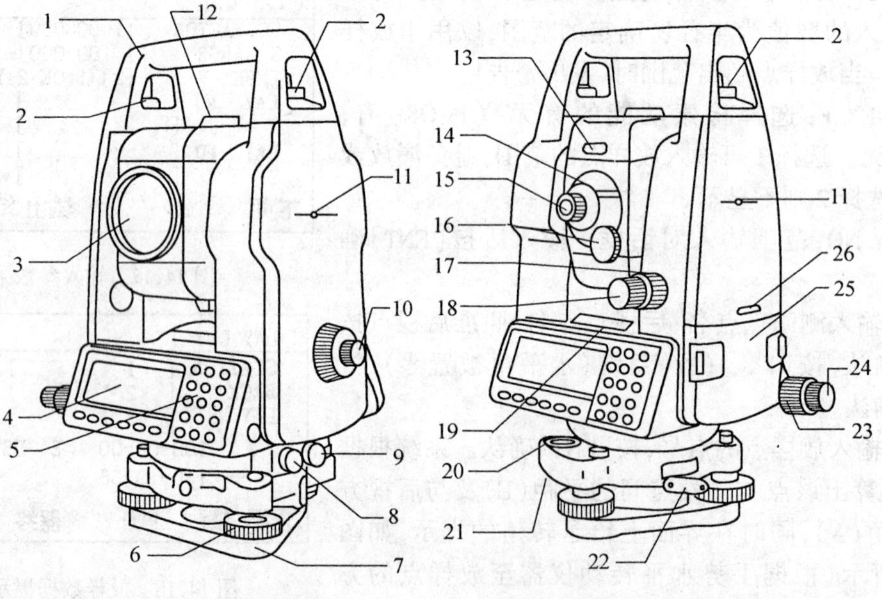

图 14.21 GTS-601AF 电脑型全站仪

1—手柄; 2—手柄固定螺丝; 3—望远镜物镜; 4—显示屏; 5—键盘; 6—脚螺旋; 7—基座底盘; 8—串行接口; 9—外接电源接口; 10—光学对中器; 11—仪器中心标志; 12—瞄准器; 13—自动调焦键; 14—望远镜把手; 15—目镜; 16—手工调焦旋钮; 17—望远镜制动螺旋; 18—望远镜微动螺旋; 19—水准管; 20—圆水准器; 21—圆水准器调节螺丝; 22—基座固定旋钮; 23—水平制动螺旋; 24—水平微动螺旋; 25—BT-50Q 电池; 26—电源开关

(2) 显示屏。显示屏上面的几行显示观测数据，底行显示功能键的功能，它随测量模式的不同而变化；显示屏如图 14.22 所示；各种符号及其表示的含义见表 14.14。

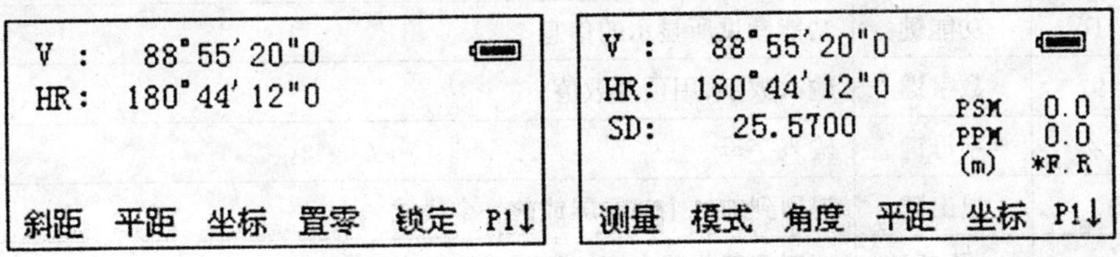

角度测量模式　　　　距离测量模式

图 14.22　GTS－601AF 电脑型全站仪显示屏

表 14.14　GTS-601AF 电脑型全站仪显示符

符号	含义	符号	含义
V	垂直角	*	电子测距正在进行
V%	百分度	(m)	以米为单位
HR	水平角(右角)	(f)	以英尺为单位
HL	水平角(左角)	F	精测模式
HD	水平距离	C	粗测模式(1 mm)
VD	高差	T	跟踪模式(10 mm)
SD	倾斜距离	R	重复测量
N	北向坐标	S	单次测量
E	东向坐标	N	N 次测量
Z	天顶方向坐标	ppm	大气改正值
		psm	棱镜常数值

(3) 操作键。操作键如图 14.23，按键名称及功能见表 14.15。

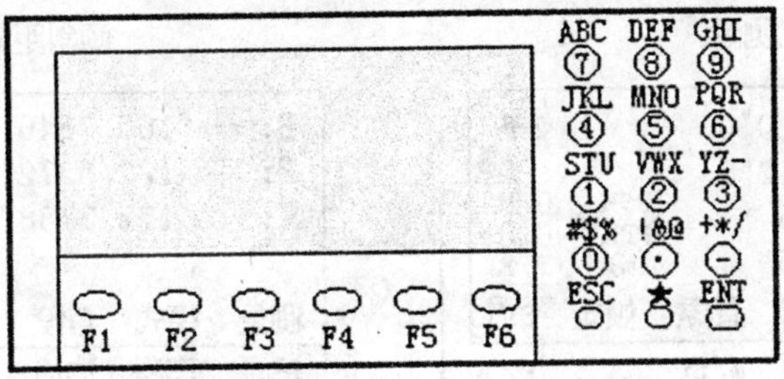

图 14.23　操作键

表 14.15 GTS-601AF 电脑型全站仪按键名称及功能

按 键	名 称	功 能
F1 ~ F6	功能键	功能参见所显示的信息
0 ~ 9	数字键	输入数字,用预置数值
A—/	字母键	输入字母
ESC	退出键	退回到前一个显示屏或前一个模式
★	星 键	用于若干仪器常用功能的操作
ENT	回车键	数据输入结束并认可时按此键
POWER	电源键	控制电源的开/关(位于仪器支架侧面上)

(4) 功能键。功能键功能标记在显示屏的底行。该功能随测量模式的不同而不同。图 14.24 显示功能键对应的功能,图 14.25 显示不同模式下对应的功能不同。显示不同模式时功能键的功能如表 14.16。

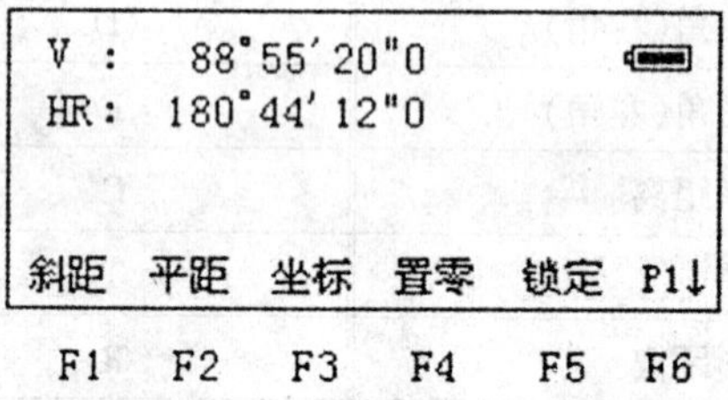

图 14.24 功能键对应功能

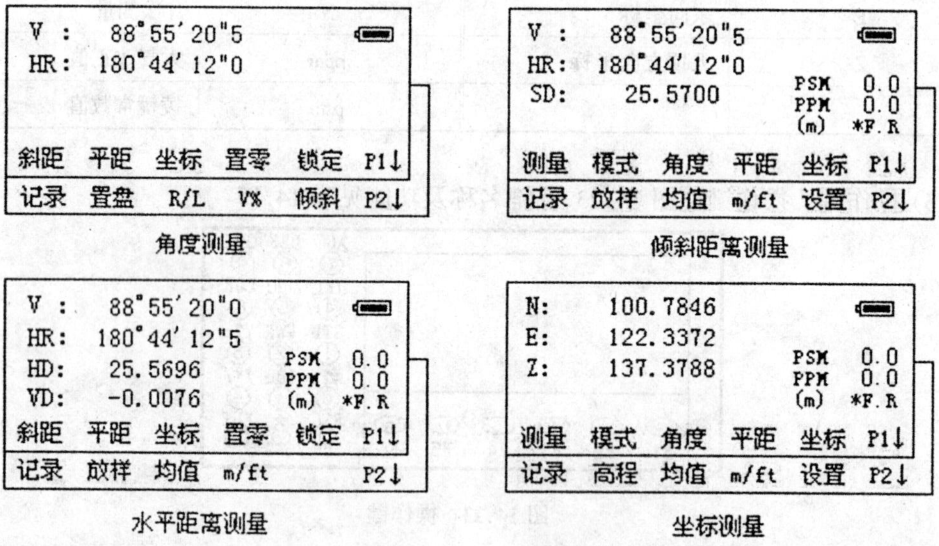

图 14.25 不同模式下功能键对应的功能

(5) 星键(★键)模式。按下★键即可看到仪器若干操作选项。这些选项分两页屏幕显示。按[F6]查看第二页界面,再按[F6]可返回第一页界面。如图 14.26 所示,按★键操作后,仪器所显示的各符号代表的功能,若调节各功能按相对应符号下的功能键。

表 14.16　GTS－601AF 电脑型全站仪在标准测量模式下的功能键

模式	显示	功能键	功　能	模式	显示	功能键	功　能
角度测量	斜距	F1	倾斜距离测量	平距测量	测量	F1	启动平距测量。选择连续测量/N 次(单次)测量模式
	平距	F2	水平距离测量		模式	F2	设置精测/粗测/跟踪
	坐标	F3	坐标测量		角度	F3	角度测量模式
	置零	F4	水平角置零		斜距	F4	斜距测量模式
	锁定	F5	水平角锁定		坐标	F5	坐标测量模式
	记录	F1	记录测量数据		记录	F1	记录测量数据
	置盘	F2	预置一个水平角		放样	F2	放样测量模式
	R/L	F3	水平角右角/左角变换		均值	F3	设置 N 次测量的次数
	V%	F4	垂直角/百分度的变换		m/ft	F4	米或英尺的变换
	倾斜	F5	设置倾斜改正功能开关(ON/OFF)。若选 ON 则显示倾斜改正值	坐标测量	测量	F1	启动坐标测量 选择连续测量/N 次(单次)测量模式
斜距测量	测量	F1	启动斜距测量 选择连续测量/N 次(单次)测量模式		模式	F2	设置精测/粗测/跟踪测量模式
	模式	F2	设置精测/粗测/跟踪模式		角度	F3	角度测量模式
	角度	F3	角度测量模式		斜距	F4	斜距测量模式
	平距	F4	平距测量模式		平距	F5	平距测量模式
	坐标	F5	坐标测量模式		记录	F1	记录测量数据
	记录	F1	记录测量数据		高程	F2	输入仪器高/棱镜高
	放样	F2	放样测量模式		均值	F3	设置 N 次测量的次数
	均值	F3	设置 N 次测量的次数		m/ft	F4	距离单位米或英尺的变换
	m/ft	F4	米或英尺的变换		设置	F5	预置仪器测站坐标

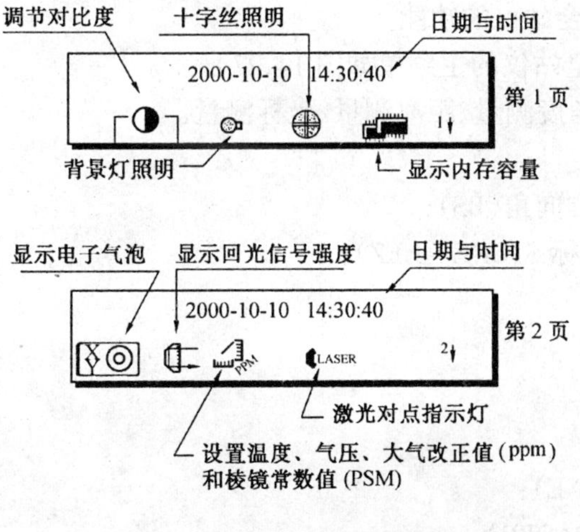

图 14.26　按★键后显示各功能

(6) 主菜单。主菜单图标如图 14.27 所示,选择菜单项可按对应的功能键[F1]~[F6]。

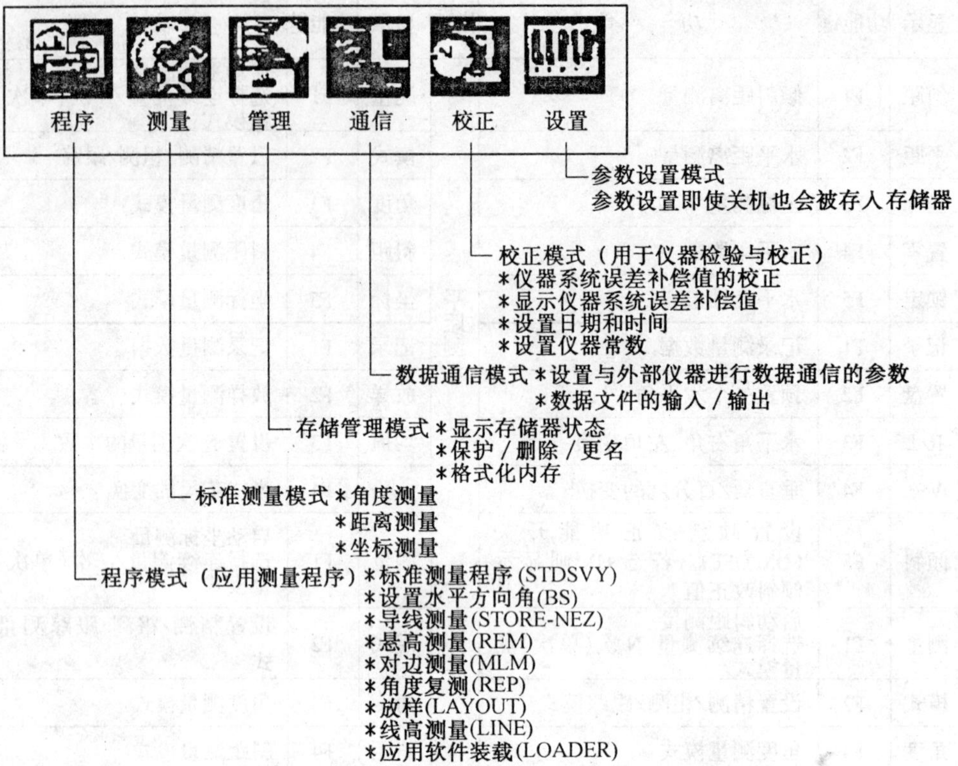

图 14.27　主菜单

(7) 输入数字和字母的方法。例如在存储管理模式下给文件更名:

在主菜单屏幕中按键顺序 [F3](管理)→[F6](文件)→[F2](更名);再进行如下操作:

① 按[F1](Alpha),进入字母输入模式。

② 输入字母。

③ 按[F1](Num),进入(数字)输入模式;输入数字。

④ 文件更名结束按[ENT]键。

2. GTS-601AF 电脑型全站仪的功能

GTS－601AF 电脑型全站仪的主菜单如图 14.27 所示。

(1) 标准测量模式:角度测量、距离测量、坐标测量。

(2) 程序模式:

① 设置水平方向的方向角(BS);

② 导线测量(存储坐标 STORE－NEZ);

③ 悬高测量(REM);

④ 对边测量(MLM);

⑤ 角度复测(REP);

⑥ 放样(LAYOUT);

⑦ 架空线路测量(LINE);

⑧ 安装应用软件(LOADER)。

3.GTS-601AF 电脑型全站仪观测前的准备工作

(1) 打开电源开关按[POWER]键,显示主菜单。

(2) 仪器的整平和对中

GTS-601AF 电脑型全站仪的对中采用的是激光对中。按★键操作后,按[F6]屏幕显示第 2 页[LASER],按[F4]地面有一红光束,平移脚架或转动角螺旋使其对准测站点;伸缩脚架整平仪器(具体操作与经纬仪相同)。仪器安置完毕,再次按[F4]取消红光束,按[ESC]键结束,回到主菜单。

4.标准测量模式

(1) 角度测量。

① 角度测量,操作步骤见表 14.17。

表 14.17　GTS－601AF 电脑型全站仪角度测量

显示屏显示	操　　作
V : 88°55′20″0 HR: 180°44′12″0 斜距 平距 坐标 置零 锁定 P1↓	① 照准第一目标(A)
V : 88°55′20″5 HR: 00°00′00″0 斜距 平距 坐标 置零 锁定 P1↓	② 设置目标 A 的水平角读数为零按[F4](置零)键,再按[F6](设置)键
V : 88°55′20″5 HR: 123°45′50″0 斜距 平距 坐标 置零 锁定 P1↓	③ 照准第二目标(B)。仪器显示目标 B 的水平度盘读数和竖(垂)直度盘读数;水平度盘读数即为水平角

② 水平角测量模式(右角/左角)的转换,操作步骤见表 14.18。

表 14.18　GTS-601AF 电脑型全站仪水平角测量模式的转换

显示屏显示	操　　作
V : 88°55′20″5 HR: 123°45′50″0 斜距 平距 坐标 置零 锁定 P1↓ 记录 置盘 R/L V% 倾斜 P2↓	① 确认在角度测量模式下,按[F6](P1↓)键,进入第 2 页功能

续表 14.18

显示屏显示	操　　作
V ：　88°55′20″5 HL：236°14′10″0 记录　置盘　R/L　V%　倾斜　P2↓	② 按[F3](R/L)键,水平角测量右角模式转换成左角模式
	③ 类似右角观测方法进行左角观测 * 每按一次[F3](R/L)键,右角/左角依次切换 * 右角/左角转换开关可以在参数设置模式下关闭

③ 水平度盘读数的设置。在角度测量模式下。

a. 用锁定水平角法设置水平度盘读数,操作步骤见表 14.19。

表 14.19　GTS－601AF 电脑型全站仪锁定水平角法设置水平度盘读数

显示屏显示	操　　作
V ：　88°55′20″5 HR：123°45′50″0 斜距　平距　坐标　置零　锁定　P1↓	① 利用水平微动螺旋设置水平度盘读数,显示角度 HR
〖锁定〗 HR：123°45′50″0 退出　　　　　　解除	② 按[F5](锁定)键,启动水平度盘锁定功能
V ：　88°55′20″5 HR：123°45′50″0 斜距　平距　坐标　置零　锁定　P1↓	③ 照准用于定向的目标点。 *要返回到先前模式,可按[F1](退出)键 ④ 按[F6](解除)键,取消水平度盘锁定功能。显示返回到正常的角度测量模式

b.水平度盘读数利用数字键设置,操作步骤见表 14.20。

表 14.20 GTS-601AF 电脑型全站仪利用数字键设置水平度盘读数

显示屏显示	操作
V : 88°55′20″5 HR: 123°45′50″0 斜距 平距 坐标 置零 锁定 P1↓ 记录 置盘 R/L V% 倾斜 P2↓	① 照准用于定向的目标点,按[F6](P1↓)键,进入第2页功能
〖配置度盘〗 HR: 123.4550 退出 左移	② 按[F2](置盘)键,输入所需的水平度盘读数,若输入错误按[F6]移动光标,或按[F1]重新输入
V : 88°55′20″5 HR: 123°45′50″0 斜距 平距 坐标 置零 锁定 P1↓	③ 按[ENT]键。至此,即可进行定向后的正常角度测量

(2) 距离测量。

距离测量前设置大气改正及棱镜常数改正(均在(★)模式下进行)。

① 距离测量(连续测量),操作步骤见表 14.21。

表 14.21 GTS-601AF 电脑型全站仪距离测量

显示屏显示	操作
V : 88°55′20″5 HR: 123°45′50″0 斜距 平距 坐标 置零 锁定 P1↓	① 在角度测量模式下,照准棱镜中心
V : 88°55′20″0 HR: 180°44′12″5 HD: 25.5696 PSM 0.0 VD: -0.0076 PPM 0.0 (m) *F.R 斜距 平距 坐标 置零 锁定 P1↓	② 按[F1](斜距)键或[F2](平距)键 * 显示在窗口右下角第三行的字母,表示如下测量模式。F:精测模式,C:粗测模式,T:跟踪模式,R:连续(重复)测量模式,S:单次测量模式,N:N次测量模式

② 距离测量(单次/N 次测量)。

a. 设置观测次数,在角度测量模式下,操作步骤见表 14.22。

表 14.22　GTS－601AF 电脑型全站仪设置距离测量的观测次数

<table>
<tr><th>显示屏显示</th><th>操　　作</th></tr>
<tr><td>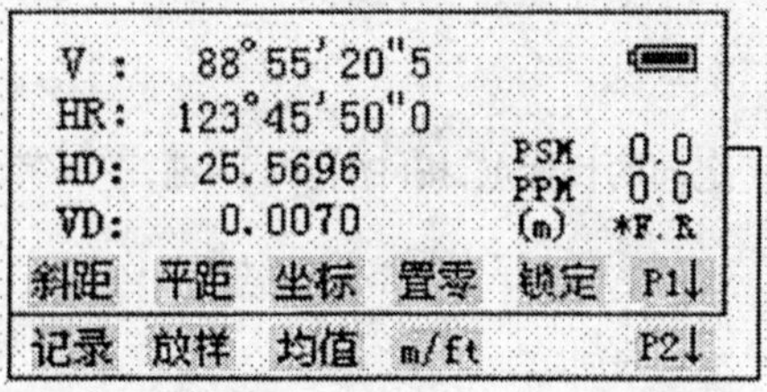
</td><td>① 按[F1](斜距)键或[F2](平距)键;按[F6](P1↓)键,进入第 2 页功能</td></tr>
<tr><td>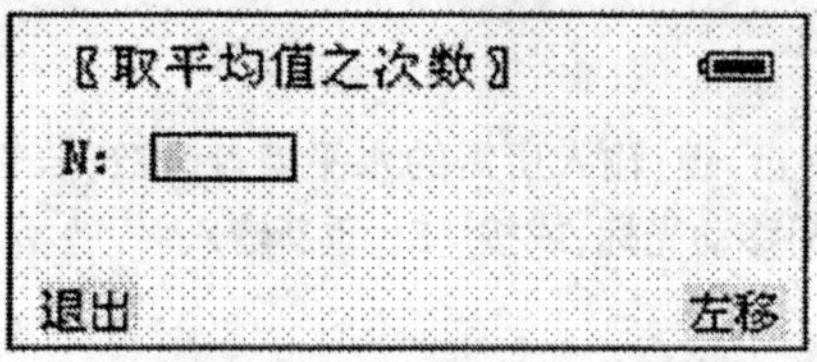
</td><td>② 按[F3](均值)键。输入观测次数,并按[ENT]键,进行 N 次测量</td></tr>
</table>

b. 观测方法见表 14.23。

表 14.23　GTS－601AF 电脑型全站仪距离测量观测方法

<table>
<tr><th>显示屏显示</th><th>操　　作</th></tr>
<tr><td>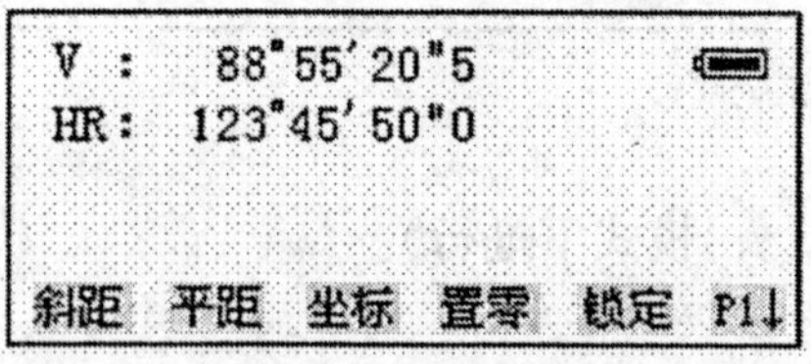
</td><td>① 照准棱镜中心,按[F1](斜距)键或[F2](平距)键,选择斜距或平距测量模式</td></tr>
<tr><td>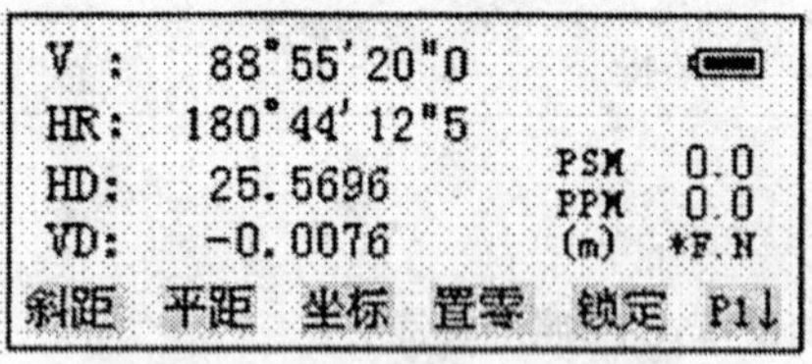
</td><td>② 显示出平均距离并伴随着蜂鸣声
* 观测结束后按[F1](测量)键可重新进行测量。按[F1](测量)键两次可返回到连续测量模式。按[F3](角度)键可返回到角度测量模式</td></tr>
</table>

③ 距离测量(精测/跟踪/粗测模式)见表 14.24。

表 14.24　GTS－601AF 电脑型全站仪距离测量(精测/跟踪/粗测)

<table>
<tr><th>显示屏显示</th><th>操　　作</th></tr>
<tr><td>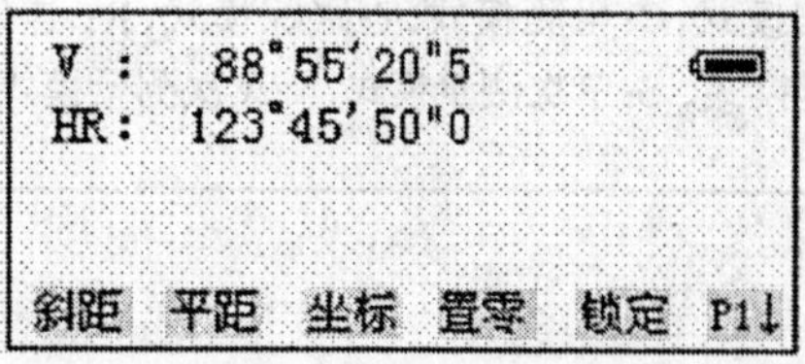
</td><td>① 照准棱镜中心,按[F1](斜距)键或[F2](平距)键,选择斜距或平距测量模式</td></tr>
</table>

续表 14.24

显示屏显示	操　　作
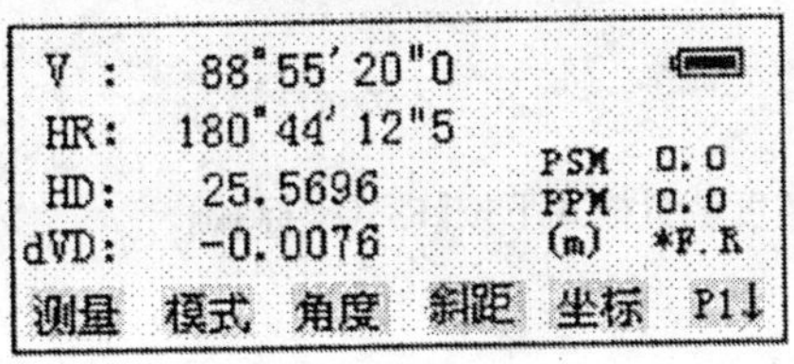	② 按[F2](模式)键,变为粗测模式。再按[F2](模式)键,变为跟踪观测模式 * 每按一次[F2](模式)键,观测模式就依次转换

④ 放样(S.O)。

该功能可显示测量的距离与预置距离之差,操作步骤见表 14.25。

表 14.25　GTS-601AF 电脑型全站仪距离放样测量

显示屏显示	操　　作
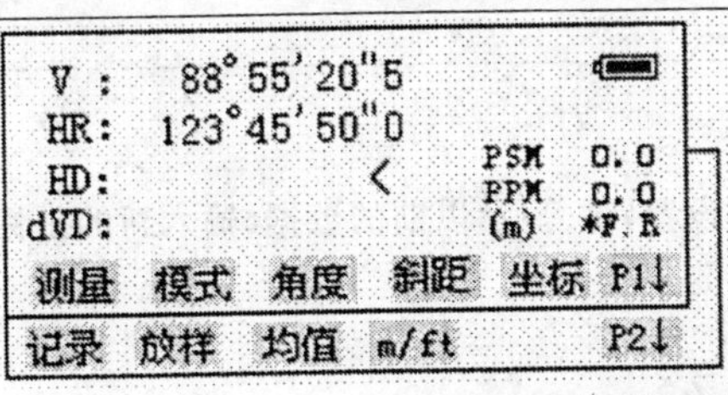	① 在距离测量模式下按[F6](P1↓)键,进入第 2 页功能
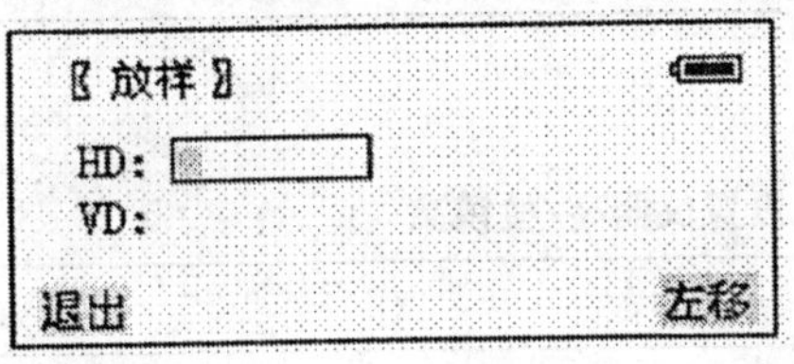	② 按[F2](放样)键,输入待放样的数值并按[ENT]键
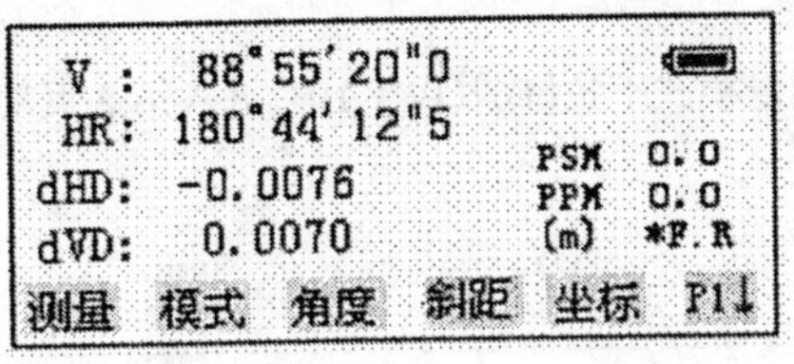	③ 瞄准目标(棱镜)显示测量距离与设置距离之差, 显示值 = 观测的距离 - 标准(预置)距离 * 可进行各种距离模式如平距(HD)、高差(VD)、斜距(SD)的放样

(3) 坐标测量。

① 设置测站点坐标的操作步骤见表 14.26。

表 14.26　GTS－601AF 电脑型全站仪设置测站点坐标

显示屏显示	操　　作
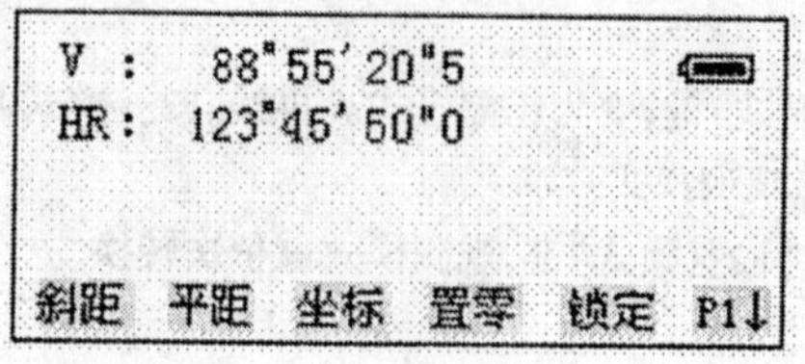	① 确认在角度测量模式下按[F3](坐标)键
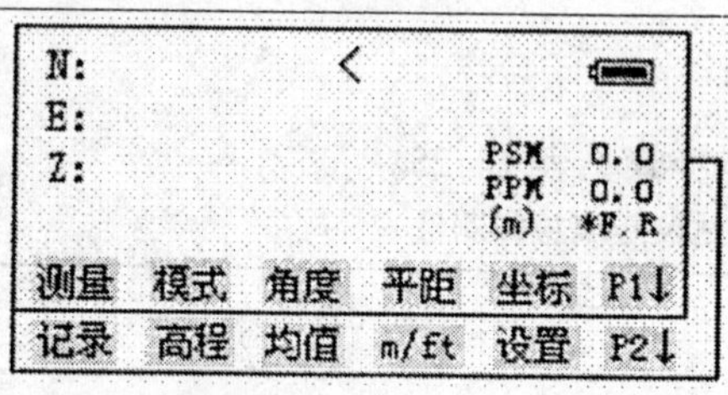	② 按[F6](P1↓)键,进入第 2 页功能
	③ 按[F5](设置)键,显示以前的数据,输入新的坐标后按[ENT]键

② 设置仪器高/棱镜高的操作步骤见表 14.27。

表 14.27　GTS－601AF 电脑型全站仪设置仪器高/棱镜高

显示屏显示	操　　作
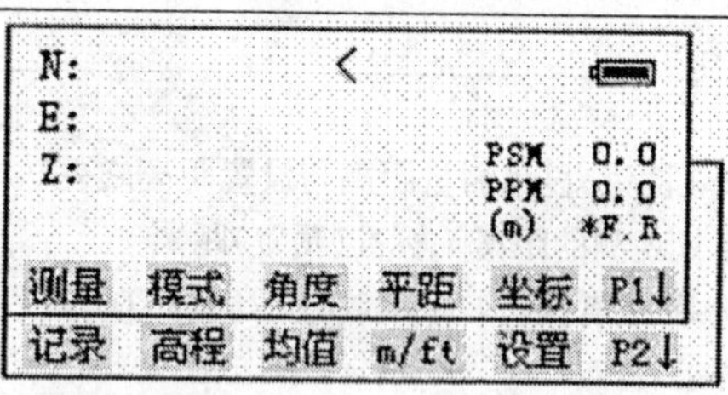	① 在坐标测量模式下按[F6](P1↓)键,进入第 2 页功能
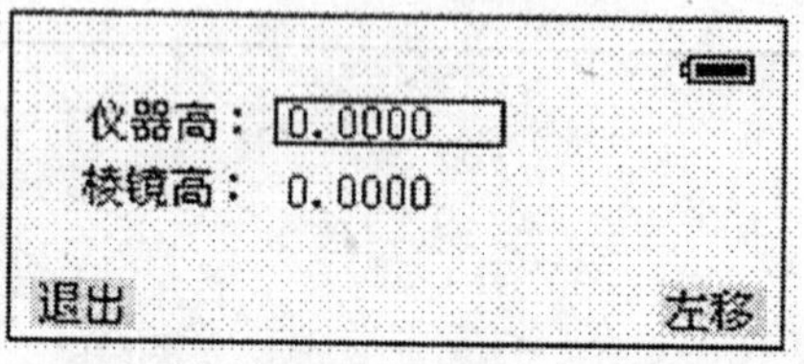	② 按[F2](高程)键。输入仪器高按[ENT]键,输入棱镜高按[ENT]键。显示返回到坐标测量模式

③ 坐标测量的操作步骤见表 14.28。

表 14.28　CTS－601AF 电脑型全站仪坐标测量

显示屏显示	操　　作
N: ‹ E: Z: PSM 0.0 PPM 0.0 (m) *F.R 测量 模式 角度 平距 坐标 P1↓ 记录 高程 均值 m/ft 设置 P2↓	① 先设置测站点坐标、仪器高、棱镜高后，再照准已知点 A 设置已知点 A 的方位角（见水平度盘读数的设置）
N : 5100.5686 E : 5210.8170 Z : 136.8928 测量 模式 角度 斜距 平距 P1↓	② 照准目标 B，按[F3]（坐标）键，观测开始并显示测量结果 ＊ 按[F2]（模式）键，可更换测距模式（精测/粗测/跟踪）。要返回正常角度或距离测量模式，可按[F3]（角度）键

5.程序模式

显示主菜单后按[F1]键，菜单上列出了仪器内安装的测量程序如图 14.28 所示。

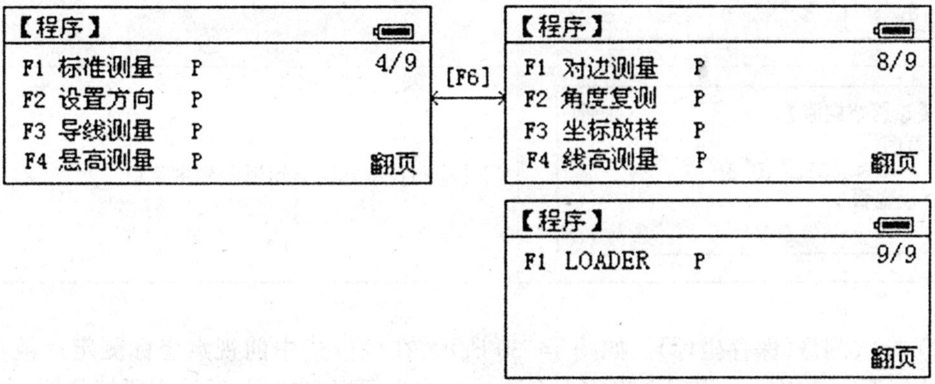

图 14.28　GTS－601AF 电脑型全站仪的测量程序

(1) 设置水平方向方向角（输入测站点和后视点坐标）。显示测站点坐标输入与后视点坐标输入如图 14.29 所示，输入坐标后仪器可计算出后视点定向角，操作步骤见表 14.29。

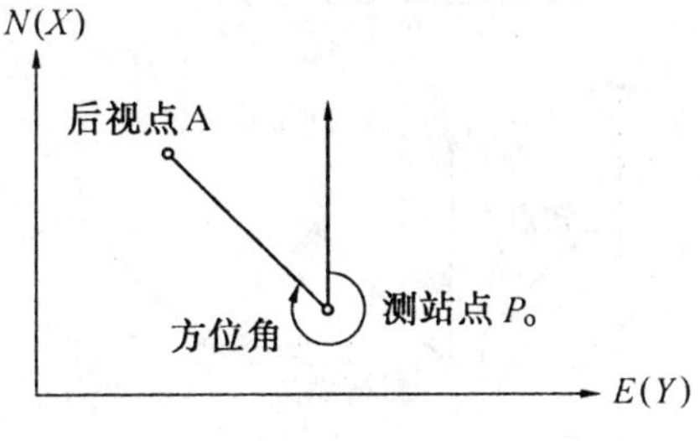

图 14.29　GTS－601AF 电脑型全站仪设置后视点方向角

表 14.29 GTS-601AF 电脑型全站仪计算后视点定向角

显示屏显示	操 作
【程序】 F1 标准测量 P 4/9 F2 设置方向 P F3 导线测量 P F4 悬高测量 P 翻页	① 按[F2](设置方向)键,显示当前测站数据(若要修改按[F1])
【设置方向值】 测站点 N : 5200.3620 m E : 5100.2200 m 输入 确认	② 按[F6](确认)键
【设置方向值】 后视点 N : m E : m 退出 左移	③ 输入后视点 A 的 N、E 坐标(每输入一个坐标后按[ENT]键);照准后视点 A
【设置方向值】 方向值 HR: 310°10′50″0 >设置否? 是 否	④ 按[F5](是)键,显示返回到主菜单

(2) 导线测量(保存坐标)。如图 14.30 所示,在该模式中前视点坐标测定后被存入内存,迁站到下一个点后该程序会将前一个测站点作为后视定向用;迁站安置好仪器并照准前一个测站点,仪器会显示后视定向边的反方位角,操作步骤见表 14.30。

在[程序]菜单中(按键)[F3]→[F1]$\xrightarrow{\text{照准 P1}}$[F1]→[F6]→[F5]$\xrightarrow{\text{关机迁站到 P1}}$[开机选择程序菜单][F3]→[F2]$\xrightarrow{\text{照准 P0}}$[F5](返回主菜单)。

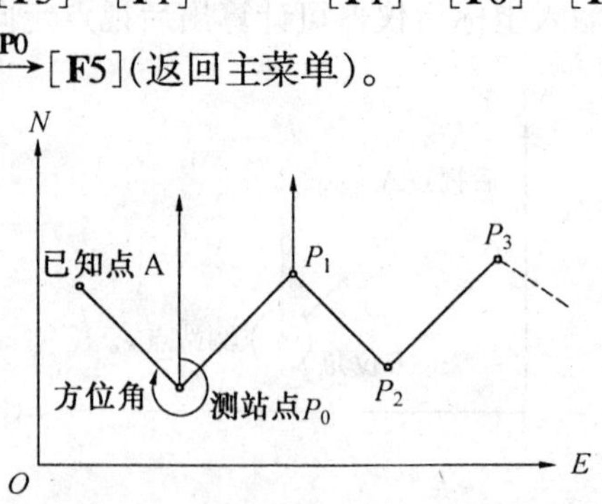

图 14.30 连续导线测量

表 14.30　GTS－601AF 电脑型全站仪导线测量

显示屏显示	操　　作
【程序】 F1 标准测量　P　4/9 F2 设置方向　P F3 导线测量　P F4 悬高测量　P　翻页	① 设置测站点 P_0 的坐标和 P_0 至已知点 A 的方位角，按[F3](导线测量)键
【导线测量】 1.存储坐标 2.调用坐标	② 按[F1](存储坐标)键
【存储坐标】 HR:　310°10′50″0 HD: 测量　高程　设置	③ 按[F5](高程)键可重新设置仪器高或棱镜高，照准仪器即将移至的目标点棱镜
【存储坐标】 HR:　310°10′50″0 HD*　25.5696 m 测量　设置	④ 按[F1](测量)键，测量开始。显示水平距离和水平角
【存储坐标】 N :　5100.5686 m E :　5210.8170 m Z :　136.8928 m >设置否?　是　否	⑤ 按[F6](设置)键，显示 P_1 点坐标。按[F5](是)键，P_1 点坐标被确认，显示返回到主菜单(关闭电源，将仪器搬至 P_1 点，P_1 点棱镜搬至 P_0 点)
【程序】 F1 标准测量　P　4/9 F2 设置方向　P F3 导线测量　P F4 悬高测量　P　翻页	⑥ 仪器设置在 P_1 点后，打开电源即可观测；按[F1](程序)键，再按[F3](导线测量)键
【调用坐标】 HR:　210°45′50″0 >设置否? 是　否	⑦ 按[F2](调用坐标)键。照准前一个测站点 P_0，按[F5](是)键。(P_1 点坐标及 P_1 至 P_0 的方向即被设置

续表 14.30

显示屏显示	操　　作
完毕！	⑧ 显示返回到主菜单。 重复上述①～⑦步骤，可继续测量下一点

(3) 悬高测量。该程序用于测定遥测目标相对于棱镜的垂直距离(高度)及其离开地面的高度(无需棱镜的高度)，如图 14.31 所示。使用棱镜高时，悬高测量以棱镜作为基准点，不使用棱镜时则以测定垂直角的地面点为基准点，上述两种情况下基准点均位于目标点的铅垂线上。

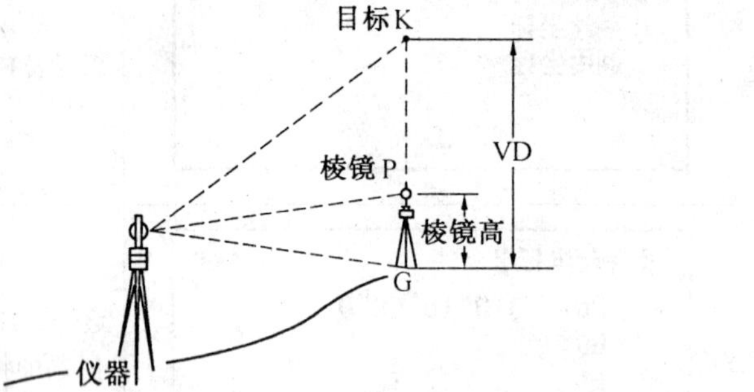

图 14.31　悬高测量

[方法一]　输入棱镜高(h)的操作步骤见表 14.31。

在[程序]菜单中(按键)[F4]→[F1]—输入棱镜高→[ENT]—照准P→[F1]→[F6]—照准目标点K→[显示垂直距离]。

表 14.31　CTS－601AF 电脑型全站仪输入棱镜高的悬高测量

显示屏显示	操　　作
【程序】 F1 标准测量　P　4/9 F2 设置方向　P F3 导线测量　P F4 悬高测量　P　翻页	① 在程序菜单中，按[F4](悬高测量)键
【悬高测量】 棱镜高 1. 有 2. 无	② 按[F1](有)键
【悬高测量】 (1)棱镜高 P. h:　　m 退出　左移	③ 输入棱镜高，按[ENT]键

续表 14.31

显示屏显示	操　　作
【悬高测量】 (2)平距 HD:　210.3685 m 测量　设置	④ 照准棱镜 P,按[F1](测量)键;测距开始,显示仪器至棱镜之间的水平距离(平距 HD)
【悬高测量】 VD:　1.3660 m 退出　镜高　平距	⑤ 按[F6](设置)键,棱镜位置即被确定(* 按[F2](镜高)键返回到步骤③;按[F3](平距)键返回到步骤④)
【悬高测量】 VD:　5.3238 m 退出　镜高　平距	⑥ 照准目标 K,显示垂直距离 VD(* 按[F1](退出)键返回到主菜单)

[方法二]　不输入棱镜高的操作步骤见表 14.32。

在[程序]菜单中(按键)[F4]→[F2]$\xrightarrow{\text{照准 P}}$[F1]→[F6]$\xrightarrow{\text{照准 G}}$[F6]$\xrightarrow{\text{照准目标点 K}}$[显示垂直距离]。

表 14.32　GTS-601AF 电脑型全站仪不输入棱镜高的悬高测量

显示屏显示	操　　作
【程序】 F1 标准测量　P　4/9 F2 设置方向　P F3 导线测量　P F4 悬高测量　P　翻页	① 在程序菜单中,按[F4](悬高测量)键
【悬高测量】 棱镜高 1. 有 2. 无	② 按[F2](无)键

续表 14.32

显示屏显示	操作
【悬高测量】 (1)平距 HD: 210.3685 m 测量 设置	③ 照准棱镜 P。按[F1](测量)键,测距开始。显示仪器至棱镜之间的水平距离(平距 HD)
【悬高测量】 (2)垂直角 V : 90°05′50″0 设置	④ 按[F6](设置)键,棱镜位置即被确定
【悬高测量】 VD: 0.0000 m 退出 平距 V角	⑤ 照准地面点 G。按[F6](设置)键,点位置即被确定。(* 按[F2](平距)键返回到步骤③;按[F3](V角)键返回到步骤④)
【悬高测量】 VD: 5.6726 m 退出 平距 V角	⑥ 照准目标 K。显示垂直距离 VD (* 按[F1](退出)和[F5](是)键返回到主菜单)

(4) 对边测量。对边测量可测量两个棱镜之间的水平距离(dHD),斜距(dSD)和高差(dVD),如图 14.32 所示,操作步骤见表 14.33。对边测量模式具有两个功能:

[功能一] (A – B,A – C):测量 A – B,A – C,A – D …

在[程序]菜单中(按键)[F6]→[F1]→[F1] $\xrightarrow{\text{照准 A}}$ [F1]→[F6] $\xrightarrow{\text{照准 B}}$ [F1]→[F6]→[F2] $\xrightarrow{\text{照准 C}}$ [F1]→[F6]。

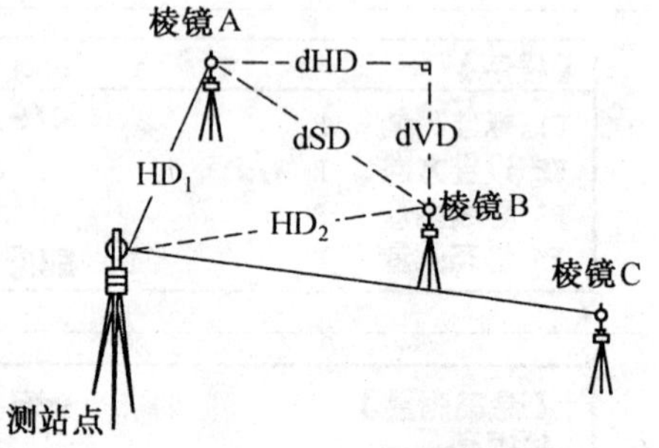

图 14.32 对边测量

[功能二] (A – B,B – C):测量 A – B,B – C,C – D …

在[程序]菜单中(按键)[F6]→[F1]→[F2] $\xrightarrow{\text{照准 A}}$ [F1]→[F6] $\xrightarrow{\text{照准 B}}$ [F1]→[F6]→[F2] $\xrightarrow{\text{照准 C}}$ [F1]→[F6]。

表 14.33　GTS-601AF 电脑型全站仪对边测量

显示屏显示	操　　作
【程序】 F1 对边测量　P　8/9 F2 角度复测　P F3 坐标放样　P F4 线高测量　P　翻页	① 在程序菜单中,按[F6](翻页)键,进入菜单第二页。按[F1](对边测量)键
【对边测量】 1. MLM1:(A-B, A-C) 2. MLM2:(A-B, B-C)	② 按[F1] MLM1(A - B,A - C)键。(或按[F2] MLM2:(A - B,B - C)键)
【MLM1】 平距 1 HD:　m 测量　设置	③ 照准棱镜 A,并按[F1](测量)键
【MLM1】 平距 1 HD *　122.5832 m 测量　设置	④ 显示测站点至棱镜 A 的水平距离(HD1);按[F6](设置)键
【MLM1】 平距 2 HD *　m 测量　设置	⑤ 照准棱镜 B,按[F1](测量)键。显示测站点至棱镜 B 的水平距离(HD2)
【MLM1】 平距 2 HD *　246.9121 m 测量　设置	⑥ 按[F6](设置)键。显示棱镜 A 与棱镜 B 之间的平距(dHD)、高差(dVD)、斜距(dSD)
【MLM1】 dHD:　123.6870 m dVD:　12.3210 m dSD:　124.2991 m 退出 平距	⑦ 要测定 A 与 C 两点之间的距离,可按[F2](平距)键(* 按[F1](退出)和[F5](是)键可返回主菜单)

续表 14.33

显示屏显示	操　作
【MLM1】 平距 2 HD＊ 246.9121 m 测量 设置	⑧ 照准棱镜 C,按[F1](测量)键。显示测站点至棱镜 C 的水平距离(平距)
【MLM1】 dHD: 123.6870 m dVD: 12.3210 m dSD: 124.2991 m 退出 平距	⑨ 按[F6](设置)键。显示棱镜 A 与棱镜 C 之间的平距(dHD)、高差(dVD)、斜距(dSD)
	⑩ 要测定 A 与 D 两点之间的距离,可重复操作步骤⑦~⑨

(5) 角度复测。该程序用于累计角度重复观测值,显示角度总和及全部观测角的平均值,同时记录观测次数,操作步骤见表 14.34。

在[程序]菜单中(按键)[F6]→[F2]$\xrightarrow{\text{照准 A}}$[F2]→[F5]$\xrightarrow{\text{照准 B}}$[F6]$\xrightarrow{\text{重新照准 A}}$[F5]$\xrightarrow{\text{重新照准 B}}$[F6]。

表 14.34 GTS-601AF 电脑型全站仪角度复测

显示屏显示	操　作
【程序】 F1 对边测量 P 8/9 F2 角度复测 P F3 坐标放样 P F4 线高测量 P 翻页	① 在程序菜单中,按[F6](翻页)键,进入菜单第二页。按[F2](角度复测)键
【角度复测】 CNT[0] Ht: 00°00′00″0 Hm: 退出 置零 解除 锁定	② 瞄准第一个目标 A,按[F2](置零)键和[F5](是)键
【角度复测】 CNT[1] Ht: 88°55′20″5 Hm: 88°55′20″5 退出 置零 解除 锁定	③ 瞄准第二个目标 B,按[F6](锁定)键

续表 14.34

显示屏显示	操　　作
【角度复测】　CNT[1] Ht:　88°55′20″5 Hm:　88°55′20″5 退出 置零　　解除 锁定	④ 重新照准第一个目标 A,按[F5](解除)键
【角度复测】　CNT[2] Ht:　177°50′40″5 Hm:　88°55′20″5 退出 置零　　解除 锁定	⑤ 重新照准第二个目标 B,按[F6](锁定)键。显示角度总和与平均角度
【角度复测】　CNT[4] Ht:　355°41′20″5 Hm:　88°55′20″5 退出 置零　　解除 锁定	⑥ 根据需要重复步骤④~⑤,进行角度复测 * 按[F1](退出)和[F5](是)键,可返回主菜单

(6) 放样。放样程序可以帮助用户在工作现场根据点号与坐标值放样出各个点的位置。在程序菜单中,按[F6](翻页)键,进入菜单第二页。按[F3](坐标放样)键,显示为如图 14.33 所示。

① 选项:按[F4](选项)键,进行创建或选择一个作业及作业管理。

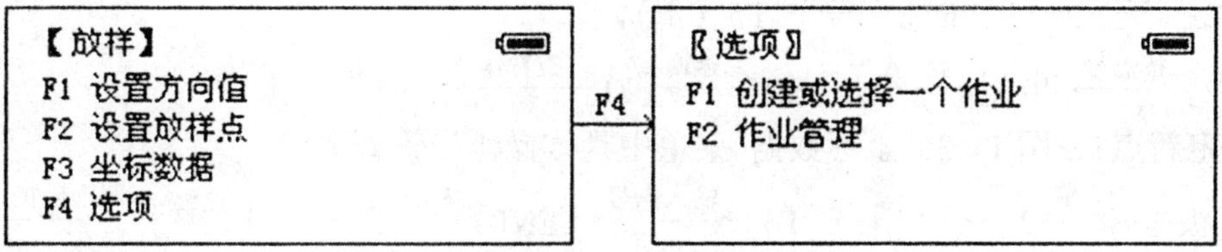

图 14.33　GTS-601AF 电脑型全站仪放样菜单

创建或选择一个作业:在[程序]菜单中(按键)[F6]→[F3]→[F4]→[F1] —选择作业名按相对应的[F]键→ [F](作业名成为当前作业)。[作业管理]选项中有两页如图 14.34 所示。

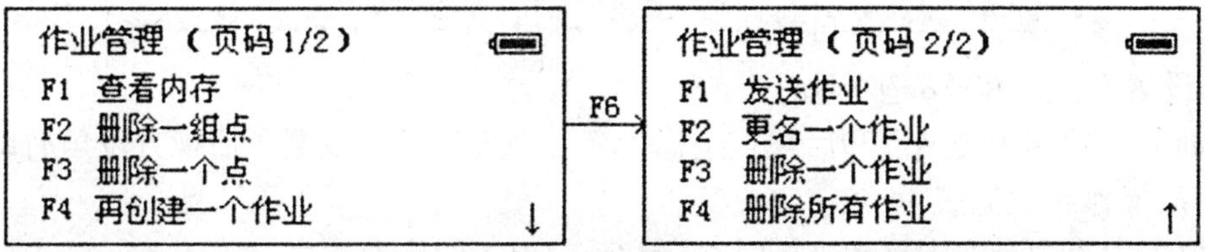

图 14.34　GTS-601AF 电脑型全站仪作业管理菜单

· 查看内存：在[程序]菜单中(按键)[F6]→[F3]→[F4]→[F2]→[F1](显示内存中的作业名)。

· 删除一组点：在[作业管理]菜单中(按键)[F2]—输入记录号(a-b)→[ENT]→[F5]。

· 删除一个点：在[作业管理]菜单中(按键)[F3]—输入记录号→[ENT]→[F5]。

· 再创建一个作业：在[作业管理]菜单中(按键)[F4]—输入作业名→[ENT]—输入点号→[ENT]—输入坐标→[ENT]。

· 更名一个作业：在[作业管理]菜单中(按键)[F6]→[F2]—输入作业名→[ENT]。

· 删除作业：在[作业管理]菜单的第二页中(按键)[F3]→[F5](删除当前作业)或[F4]→[F5](删除所有作业)。

② 坐标数据：在[放样]菜单中按[F3]显示为如图 14.35 所示。

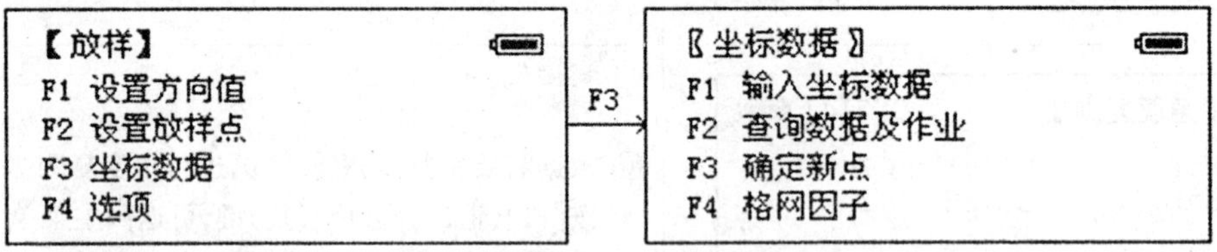

图 14.35 GTS-601AF 电脑型全站仪输入坐标数据菜单

输入坐标数据(创建作业名、输入点号、输入坐标数据)：在[放样]菜单中具体操作为：

[F3]→[F1]—输入作业名→[ENT]—输入点号→[ENT]—输入坐标和高程→[ENT]。

查询数据及作业：如图 14.35 所示在[坐标数据]菜单中具体操作为：

[F2]—查看第一点→[F1]—其他点→[F6](↓)；

[F2]—查看最后一点→[F2]—其他点→[F5](↑)；

[F2]—按点号→[F3]—输入点号→[ENT]—返回→[F1]—查看作业→[F4]。

确定新点：在图 14.35[坐标数据]菜单中具体操作步骤如下：

a. 极坐标：[F3]→[F1]→[F6]—输入点号→[ENT]—输入后视点号→[ENT]—照准后视点→[F5]—输入仪器高→[ENT]—输入棱镜高→[ENT]—输入新点的点号照准→[F5](用于侧视观测采集数据功能)。

* 数据查询时记录点号有下划线(<u>3</u> 点号为 3)与其他作业中的点相区别。

b. 后方交会-角，边：

[F3]→[F2]—确定新点点号→[ENT]—输入仪器高→[ENT]—输入第一点点号→[ENT]—输入棱镜高→[ENT]—照准第一点→[F5]—输入第二点点号→[ENT]—输入棱镜高→[ENT]—照准第二点→[F5]→[F5]。

③ 设置方向值和放样坐标点。

方向值选项利用测站点和后视点坐标计算后视方位角。设置了后视方位角后即可进行坐标放样，操作步骤见表 14.35。

a. 仪器内存中存在点号和坐标时在[程序]菜单下的作业顺序：

[F1]→[F6]→[F3]→[F1]—输入测站点点号→[ENT]—输入后视点点号→[ENT]—瞄准后视点→[F5]

$\xrightarrow{\text{输入仪器高}}$[ENT]$\xrightarrow{\text{输入放样点点号}}$[ENT]$\xrightarrow{\text{输入放样点棱镜高}}$[ENT]（显示待放样点的角度和距离）。

b. 仪器内存中没有点号及坐标时在[程序]菜单下的作业顺序：

[F1]→[F6]→[F3]→[F1]$\xrightarrow{\text{输入测站点坐标}}$[ENT]$\xrightarrow{\text{输入后视点坐标}}$[ENT]$\xrightarrow{\text{瞄准后视点}}$[F5]$\xrightarrow{\text{输入仪器高}}$[ENT]$\xrightarrow{\text{输入放样点坐标}}$[ENT]$\xrightarrow{\text{输入放样点棱镜高}}$[ENT]（显示待放样点的角度和距离）。

表 14.35　GTS－601AF 电脑型全站仪设置方向值和放样坐标点

显示屏显示	操　　作
【程序】 F1 标准测量 P　4/9 F2 设置方向 P F3 导线测量 P F4 悬高测量 P　翻页	① 从主菜单图标中按[F1]（程序）键，再按[F6]（翻页）键进入该菜单的第 2 页
【程序】 F1 对边测量 P　8/9 F2 角度复测 P F3 坐标放样 P F4 线高测量 P　翻页	② 按[F3]（坐标放样）键（在显示屏中会显示一会儿版本号。如创建过作业，屏幕中会显示作业信息）
【放样】 F1 设置方向值 F2 设置放样点 F3 坐标数据 F4 选项	③ 按[F1]键设置方向值
【设置测站点】 点号： Alpha　SPC　←　→　↑　↓	④ 输入测站点号（可以是数字或字符）（显示（NUM），输入点号是以字符开头；按[F1] 键，显示（Alpha），用于输入数字符号）
【设置方向值】 测站点 N ： E ： 输入　确认	如仪器内存中无测站点的坐标值，显示输入点坐标的输入屏幕。按[F1]（输入）键进行输入测站点的坐标。如需要零值，按[F6]（是）键。如坐标值是其他数据，则输入坐标，按[ENT]键确认 ＊ 点号和坐标值在输入完后不储存

续表 14.35

显示屏显示	操　　作
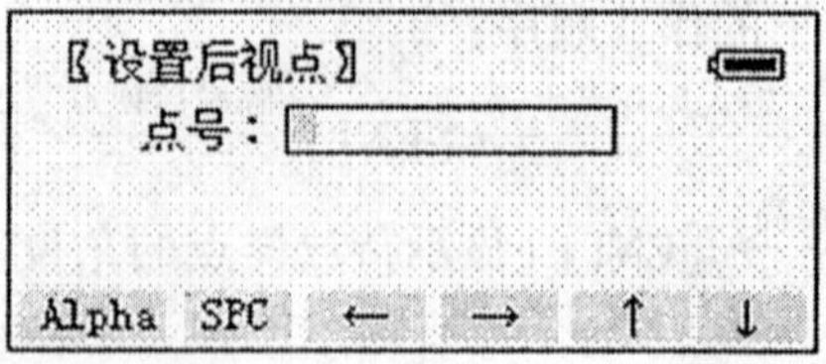	⑤ 输入后视点的点号(点号可以是数字或字符)。如在仪器内存中存在该点号和坐标值则进入到第⑥步
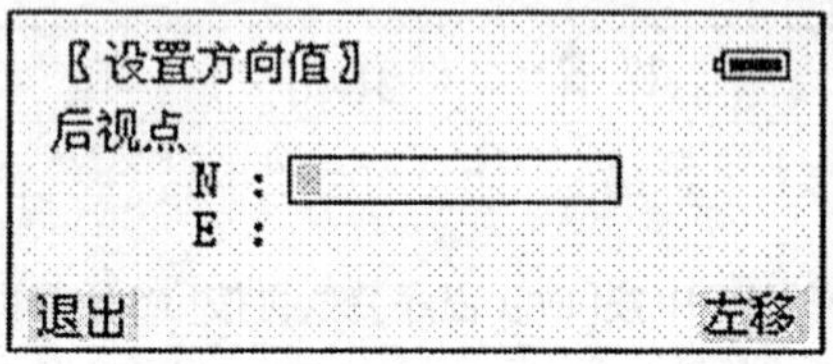	如仪器内存中无后视点的坐标数据,显示输入后视点坐标的输入屏幕。输入坐标并按[ENT]键确认 * 按[F1](退出)键返回到第②步
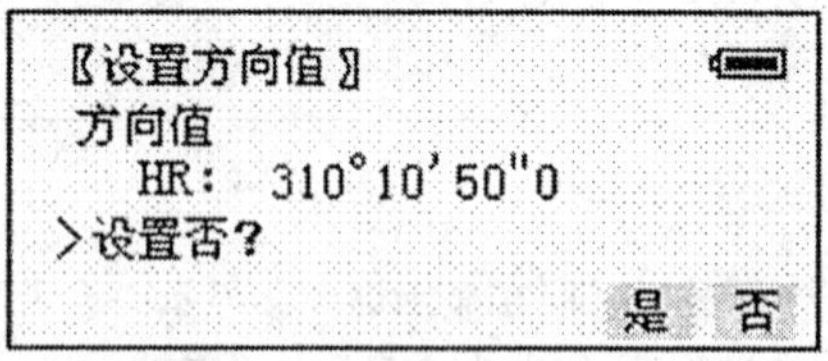	⑥ 显示后视方位角。如方位角正确,用仪器瞄准后视点锁定仪器。按[F5](是)键确认。 如方位角不正确,按[F6](否)键返回到⑤
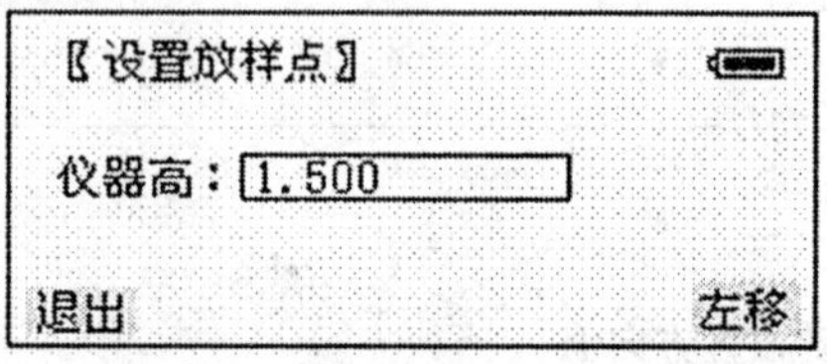	⑦ 输入仪器高后按[ENT]键。
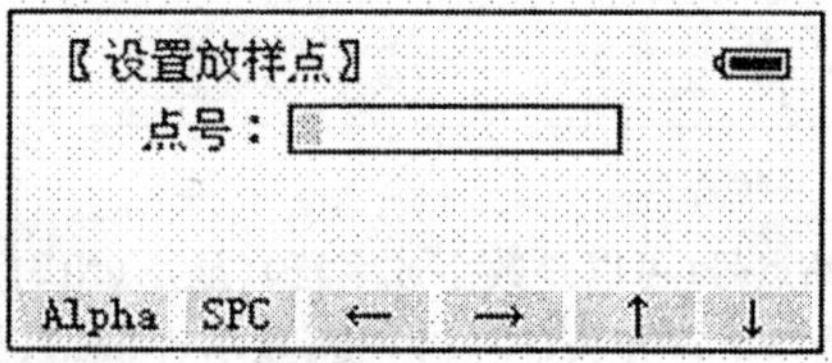 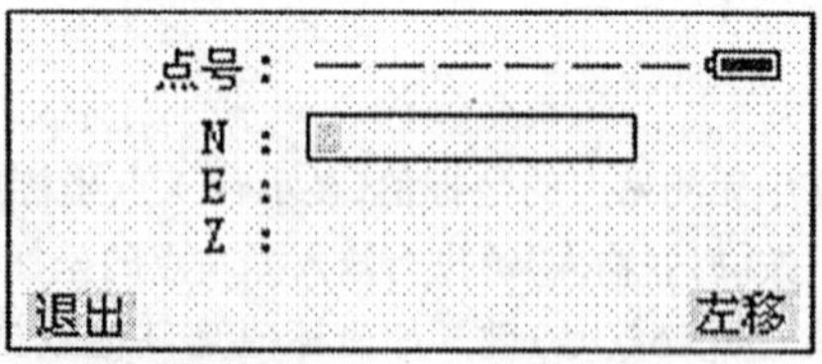	⑧ 输入放样点的点号; 如内存中存在坐标,进入到第⑨步 如仪器内存中不存在放样点的坐标值,则需要输入,每输入一个坐标值后按[ENT]键
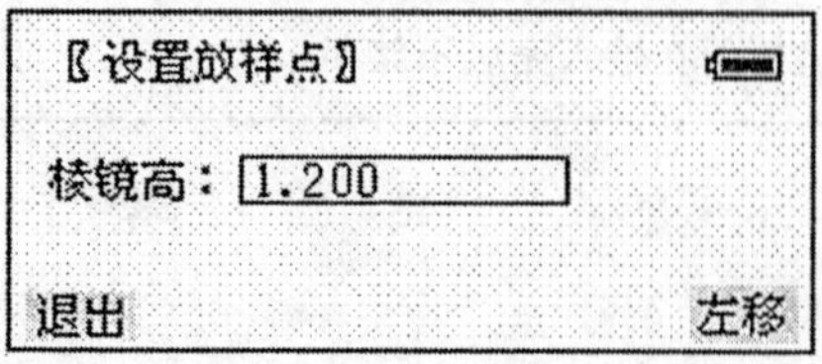	⑨ 输入放样点的棱镜高,按[ENT]键

续表 14.35

显示屏显示	操　　作
dHR = 123°45′50″0 dHD = 25.5696 m 角度　距离　精粗　坐标　指挥　继续	⑩ 显示待放样点的放样角度和放样距离 从后视点方向起仪器旋转 123°45′50″到放样点的方向上,平距 25.5696 为测站点到放样点的距离

(7) 线高测量。如图 14.36 所示,线高测量用于测定一个地面点上方不可到达的目标高度,不仅上方目标而且沿着地面基线上的点均无法到达,在架空线路下方相对一定距离上设置棱镜 A 和 B,构成一条基线,在测站上测定棱镜 A 与棱镜 B 的水平距离并存入仪器中;显示屏上显示棱镜 A 与 B 的垂距、仪器到 B 的水平距离,以及沿基线方向的距离等。如此,基线两端点之间的垂直距离,图中 G 点与 L 点之间的垂直距离也可以被测定,操作步骤见表 14.36。

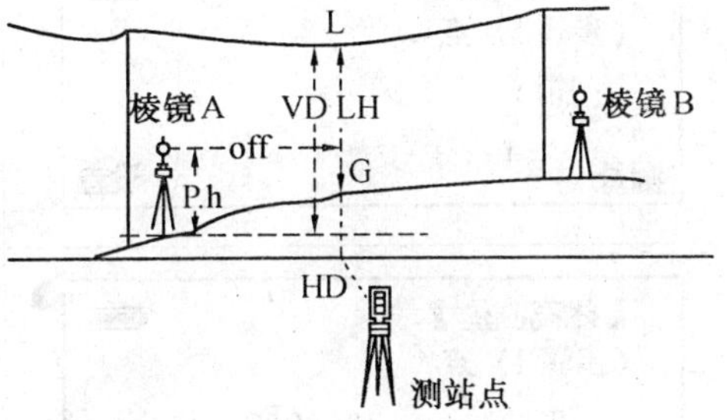

图 14.36　线高测量

在主菜单下(按键)[F1]→[F6]→[F4]→[F1]$\xrightarrow{\text{输入棱镜高}}$[ENT]$\xrightarrow{\text{照准 A}}$[F1]→[F6]$\xrightarrow{\text{照准 B}}$[F1]→[F6]$\xrightarrow{\text{照准 L}}$[F2]$\xrightarrow{\text{照准 G}}$[F6]。

表 14.36　CTS－601AF 电脑型全站仪线高测量

显示屏显示	操　　作
【程序】 F1 对边测量　P　8/9 F2 角度复测　P F3 坐标放样　P F4 线高测量　P　翻页	① 在主菜单显示屏中按[F1](程序)键,再按[F6](翻页)键进入该菜单的第 2 页。按[F4](线高测量)键
【线高测量】 棱镜高 1.有 2.否	② 按[F1](有)键

续表 14.36

显示屏显示	操　　作
【线高测量】 棱镜高 P.h: [　　] m 退出　左移	③ 输入棱镜高,按[ENT]键确认
【线高测量】 〈步骤1〉点A HD: m 测量　设置	④ 照准棱镜 A,按[F1](测量)键;距离测量开始;显示水平距离
【线高测量】 〈步骤1〉点A HD: 36.8928 m 测量　设置	⑤ 按[F6](设置)键,存储水平距离
【线高测量】 〈步骤2〉点B HD: 36.8928 m 测量　设置	⑥ 照准棱镜 B,按[F1](测量)键;距离测量开始,显示水平距离。按[F6](设置)键,存储水平距离
【线高测量】 VD: 5.5686 m HD: 36.8928 m Off: 25.5696 m 退出　线高	⑦ 照准架空线路上的点 L,显示照准 L 点的测量数据。VD:L 点相对 A 点的高差;HD:测站点到 L 点的水平距离;Off:A 点到 L 点的水平距离
【线高测量】 地面点 V: 88°55′20″5 退出　设置	⑧ 按[F2](线高)键。该功能用于测量架空线到地面的高度,操作如下: * 按[F2]键之前,先照准架空线上的点 * 设置相应的地面点时,不要转动水平微动螺旋
【线高测量】 LH: 6.8928 m Off: 25.5696 m 退出　垂距　继续	⑨ 转动望远镜微动螺旋,照准地面点 G。按[F6](设置)键,显示架空线高度(LH)和水平距离(Off) * 结束测量按[F1](退出)或[ESC]键 * 返回操作步骤⑦,按[F2](垂距)键 * 返回操作步骤⑧,按[F6](继续)键

5.标准测量程序(STDSVY)。

打开电源开关,按[F1]键进入程序菜单,再按[F1]键进入标准测量菜单,如图 14.37 所示;标准测量程序全部用英文显示,根据屏幕指示,在设置菜单(SETUP)中,按[F3]键进入子菜单,通过(↓)、(↑)、(→)、(←)指示进入同菜单;在不同菜单状态下,通过不同按键,输入必要的已知数据即可开始进行某项测量工作。

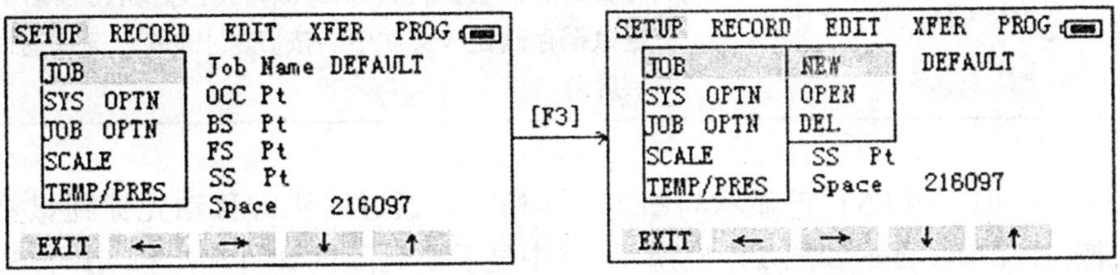

图 14.37　标准测量程序菜单

在标准测量程序菜单中屏幕显示的主要功能菜单如下:

(1) 设置菜单(SETUP):该子菜单可以完成的功能——建立作业文件名(JOB);系统选择(SYS OPTN);作业选择(JOB OPTN);设置比例因子(SCALE);输入温度和气压(TEMP/PRES)。

① 建立工作项目。在工作项目(JOB)的子菜单中可以选择新建(NEW)、打开(OPEN)、删除(DEL)作业名的操作。

a. 当选择 NEW 时,按[ENT]键显示如图 14.38 所示,可描述新建工作项目见表 14.37。

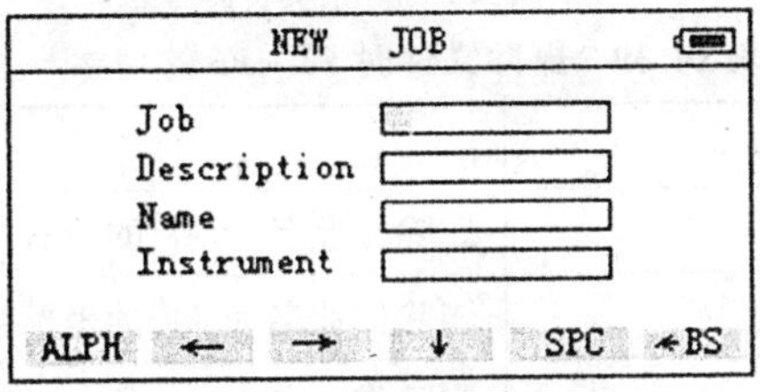

图 14.38　新建工作项目

表 14.37　GTS-601AF 电脑型全站仪新建工作项目

显　示	描　述
作业名 (Job)	由操作者任意取的作业文件名,此后的测量数据均存于该文件中
作业描述(Description)	该工程的大概情况(可以缺省)
测量员姓名(Name)	操作者的姓名(可以缺省)
仪器型号(Instrument)	使用的仪器的型号(可以缺省)

b. 当选择 OPEN 时,按[ENT]键显示如图 14.39 所示,可选择作业文件名见表 14.38。

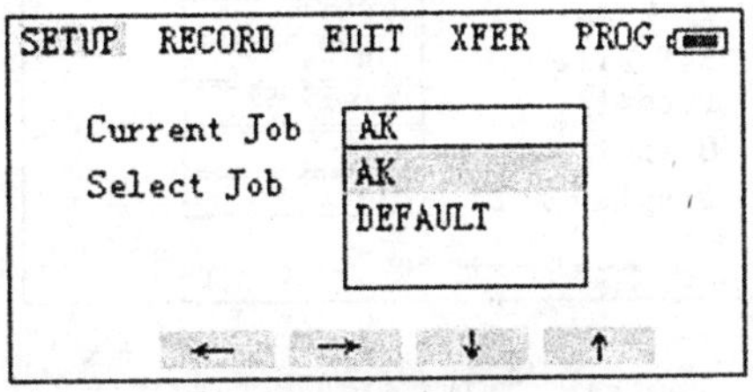

图 14.39　选择作业

表 14.38　GTS-601AF 电脑型全站仪选择文件

显　示	选　择
Current Job	显示当前作业文件名
Select Job	显示内存中所有作业文件名,通过箭头键移动光标到需要的文件名处,按[ENT]键,打开该文件,以后的测量数据存储在该文件中。按[ESC]键放弃选择返回上一屏幕

c. 当选择 DEL 时,按[ENT]键显示与图 14.39 相同。通过箭头键移动光标到想要删除的文件名处,按[ENT]键,显示如图 14.40 所示,框中显示要删除的文件名。按 F1 ~ F6,分别表示的信息见表 14.39。

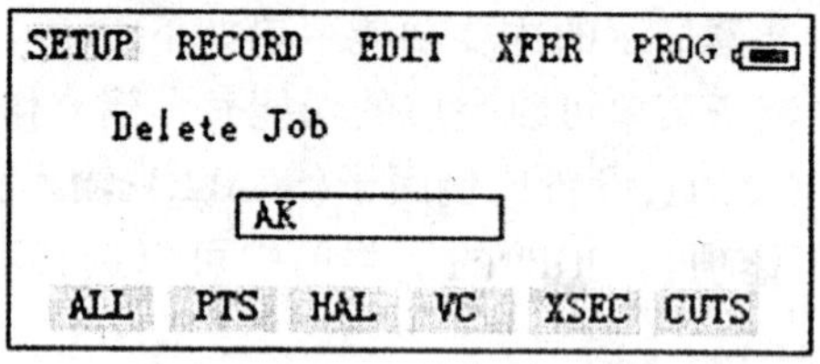

图 14.40　删除文件

表 14.39　删除文件时 F1 ~ F6 的功能

显　示	功　　能
ALL(F1)	删除作业名为 AK 的所有内容
PTS(F2)	删除作业名为 AK 的坐标数据
HAL(F3)	删除作业名为 AK 的水平定线数据
VC(F4)	删除作业名为 AK 的垂直定线数据
XSEC(F5)	删除作业名为 AK 的横断面数据
CUTS(F6)	删除作业名为 AK 的填挖数据
如果作业名中没有该项数据,屏幕显示不变。反之,屏幕出现提示信息	

② 系统选择(SYS OPTN):进入系统选择(SYS OPTN)时,按[ENT]键,显示如图 14.41 所示,系统选择设置见表 14.40。

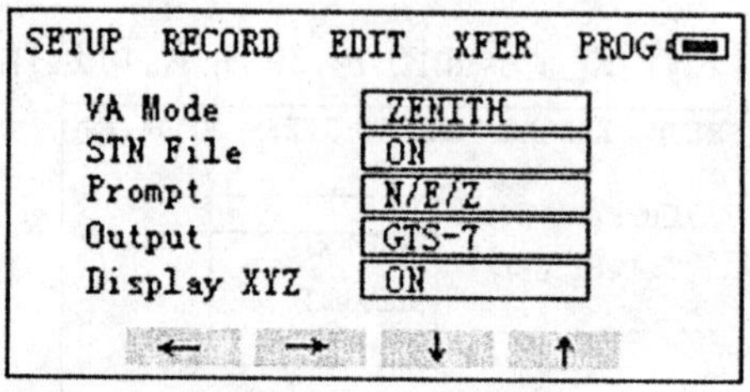

图 14.41　系统选择

表 14.40　GTS－601AF 电脑型全站仪系统选择设置

显　　示	选　择　设　置
VA Mode	设置垂直角零点方向。(ZENITH)以天顶方向为零点；(LEVEL)以水平方向为零点
STN File	设置测站点文件为(ON)或(OFF)
Prompt	设置显示坐标的顺序为 N/E/Z(X/Y/Z)或 E/N/Z(Y/X/Z)
Output	设置原始数据的输出格式
Display XYZ	设置在进行测量时是否显示 XYZ 的坐标

③ 作业选择(JOB OPTN)：进入作业选择(JOB OPTN)时，按[ENT]键，显示如图 14.42 所示，作业选择设置见表 14.41。

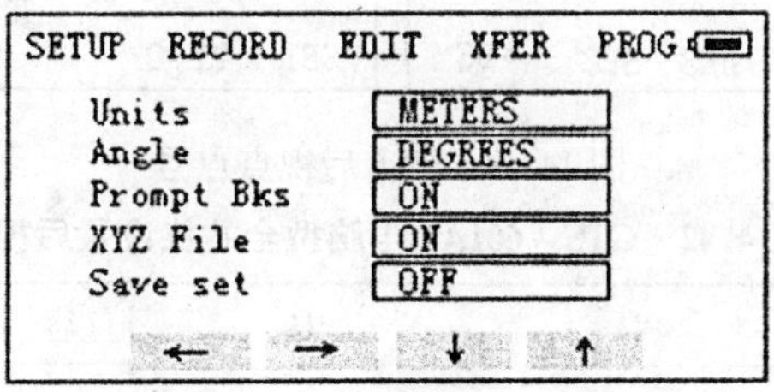

图 14.42　选择设置

表 14.41　GTS－601AF 电脑型全站仪作业选择设置

显　　示	选　择　设　置
ANGLE	设置距离单位：METERS(米)，FEET(英尺)
STN File	设置角度单位：DEGREES(度)，GON(哥恩)
Prompt Bks	设置是否输入后视点
XYZ File	设置是否计算并存储坐标
Save Set	设置是否存储放样点坐标

(2) 记录菜单(RECORD)：在该菜单中设置测站点(OCC PT)和后视点(BKS PT)后，方可进行后视测量(BS OBS)、前视测量(FS OBS)、侧视测量(SS OBS)和横断面测量(X－SECT)；测量主要用于采集和记录原始数据。

①设置测站点：在 RECORD 菜单中选择(OCC PT)，按[ENT]键，进入测站点(Occupied Point)输入屏幕：在 OCC Pt 一栏输入测站点的点号、Ins Ht 一栏输入仪器高、Pt Code 一栏输入点号代码，按[ENT]键，记录该测站点，若 XYZ FILE 标识符为 ON 且该点坐标存在于文件中，系统自动调用该点坐标。若文件中没有该点坐标，则显示坐标输入屏幕，输入该点 North(X)、East(Y)、ELEV(H)坐标，当光标在底部时按[ENT]键存储设置并退出，此时测站点设置完毕；如按[ESC]键放弃设置而退出屏幕，如图 14.43 所示。

②设置后视点：先瞄准后视点，按照设置测站点的方法设置后视点(BKS PT)，显示如图 14.44 所示，显示内容见表 14.42。

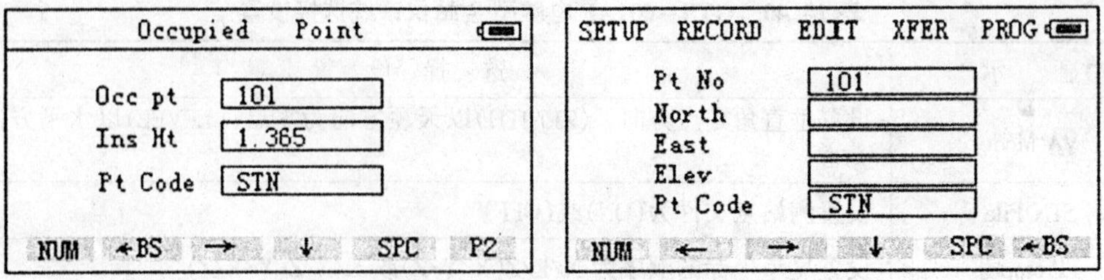

图 14.43　输入测站点点号及坐标

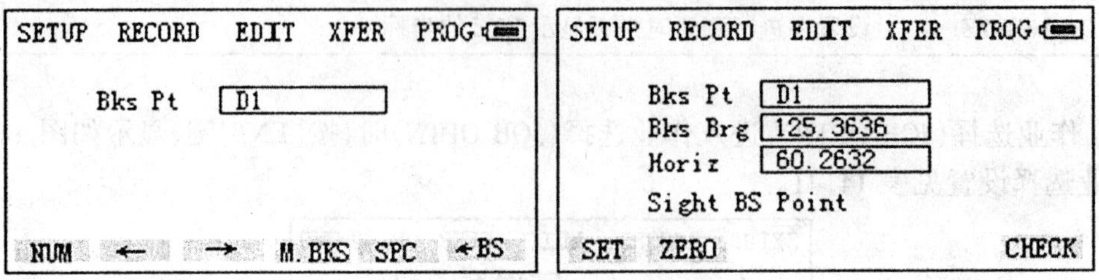

图 14.44　输入后视点点号

表 14.42　GTS－601AF 电脑型全站仪设置后视点

显　示	内　　容
Bks Pt	后视点号
Bks Brg	输入后视点后系统计算的方位角或手工输入的方位角
Horiz	仪器显示的水平角
M.BKS	用于多点后视定位；按[ADD]键再多点后视中添加一个新的测量点
按[SET](F1)键后，Horiz 显示的角度为方位角；按[ZERO](F2)键 Horiz 显示的角度为零，再按[ENT]键设置后视方位角为零；按[ESC]键退回到上一屏幕	

③后视测量(BS OBS)、前视测量(FS OBS)、侧视测量(SS OBS)：当设置好测站点和后视点后，即可以进行测量工作。选择后视、前视、侧视测量的其中之一，输入待测点的点号和棱镜高，按[ENT]键进行测量并记录该点数据。按[MEAS]键也进行测量，但不记录该点数据。

(3) 编辑菜单(EDIT)：在编辑菜单(EDIT)中可以选择原始数据(RAW)、坐标点数据(POINT)、固定点数据(PT LIB)、编码库(CODE)、填/挖数据(CUTS)其中之一后，按[ENT]键。进入原始数据和坐标点数据编辑菜单中，按[PREV]键显示前一个点的数据；按[NEXT]显示后一个点的数据；按[STRT]键显示数据文件中的第一个点的数据；按[END]键显示数据文件中的最后一个点的数据；按[FIND]键寻找文件中指定点的数据。

(4) 数据传输菜单(XFER)。

(5) 程序菜单(PROG)：程序菜单中包含的功能有放样(SET OUT)；道路设计(ROADS)；导线平差(TRAV)；坐标解析计算(COGO)；龙门板标定(B.BOARDS)；钢尺联测(TAPE DIM)。

以放样菜单中的点放样(POINT)为例，操作步骤如下：

① 从程序菜单(PROG)选择(SET OUT)，按[ENT]键；

② 选择 OCC PT 设置测站点，再选择 BKS PT 设置后视点；

③ 在放样菜单中，选择 POINT，按[ENT]键，屏幕显示如图 14.45 所示。

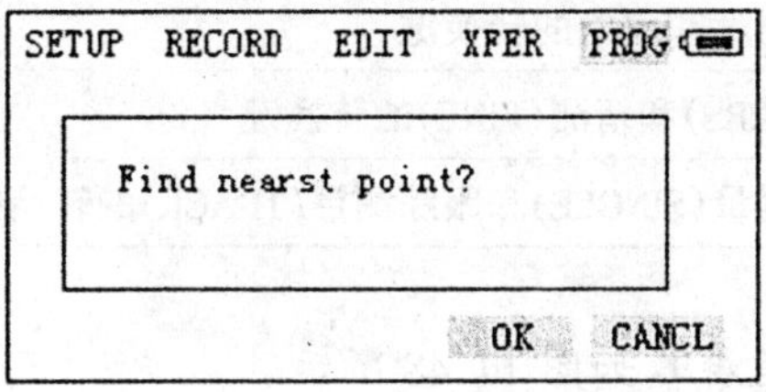

图 14.45　点放样菜单

④ 选择 OK，屏幕显示内存中所有点的点号及其大致位置（分别显示为△：测站点；○：后视点；□：放样点），如点位图 14.46 所示。

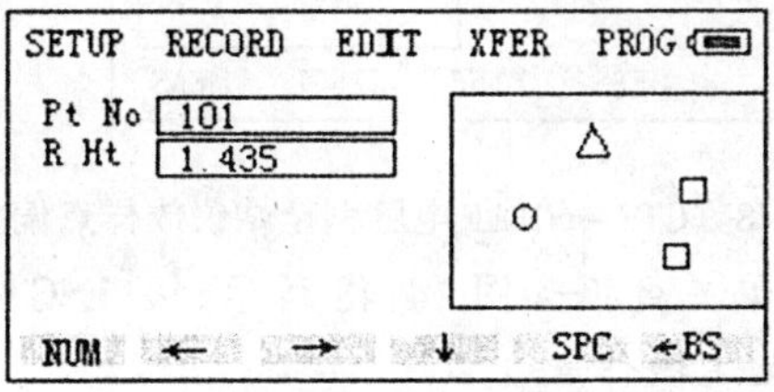

图 14.46　点位图

⑤ 输入放样点的点号(Pt No)并按[ENT]键，输入棱镜高(R Ht)后按[ENT]键，若仪器内存中有该点的坐标数据，则显示放样数据见表 14.43。否则，系统会提示输入放样点的坐标，按[ENT]键。屏幕显示放样数据如图 14.47 所示，显示的功能键见表 14.44。

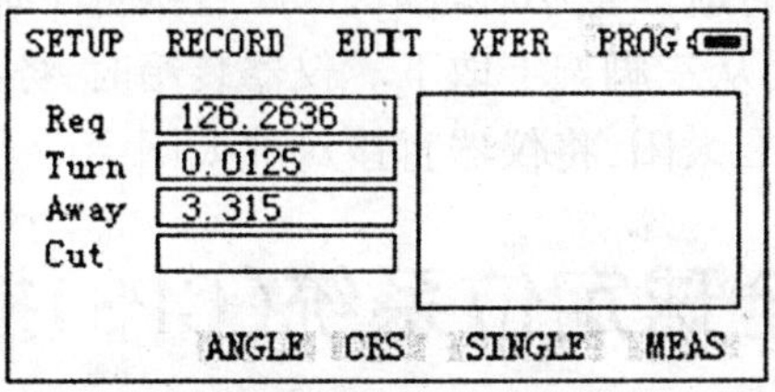

图 14.47　GTS－601AF 电脑型全站仪显示放样数据

表 14.43　GTS－601AF 电脑型全站仪放样数据

显　示	内　　容
Req	测站点到放样点的方位角
Turn	从当前方向到放样点的水平角
Away	棱镜到放样点的距离（正号表示棱镜远离仪器视线的方向移动，负号则相反）

⑥ 按[MEAS]键，显示放样点的高程偏差(Cut)（负号低于设计高程，正号高于设计高程）和棱镜到放样点的距离，直到 Away 表中显示的值接近于零时，按[ENT]键。进入输入下一点的放样屏幕，操作步骤同前，可进行新的点位放样。

表 14.44 GTS－601AF 电脑型全站仪点放样功能键

显 示	功 能
ANGLE(F3)	显示角度和偏差的转换键
CRS(F4)	粗测(CRS)和精测(FINE)的转换键
SINGLE(F5)	单次测量(SINGLE)和跟踪测量(TRACK)的转换键

＊按 ANGLE 键显示偏差屏幕如图 14.48 所示。

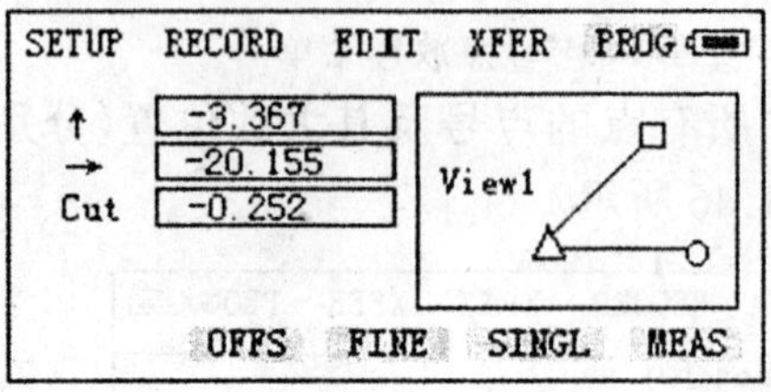

图 14.48 GTS－601AF 电脑型全站仪放样点偏差数据

＊按[MEAS]键后,显示偏差数据如图 14.48 所示;按[ESC]键进入下一点的放样。输入该点的点号和棱镜高,重复上述操作。

四、注意事项

(1) 电子全站仪为最贵重的精密测量仪器之一,应避免强烈震动或冲击,防止日晒雨淋或受潮。

(2) 将仪器从箱中取出时应注意小心轻放,严禁直接置于地上。

(3) 搬运时,必须将仪器从三脚架上取下。仪器装箱时,务必先关闭电源。

(4) 不要将仪器直接对准太阳,将仪器直接对准太阳会严重伤害眼睛,也会损坏仪器。

实验十五 全球定位系统(GPS)接收机的使用

一、目的与要求

(1) 了解 GPS 接收机构造,认识仪器主要性能及各部件名称和作用。

(2) 练习使用 GPS 接收机。

二、计划与设备

(1) 实验时数为 2 学时,实验小组 4 人,轮流参观和操作仪器。

(2) 实验设备为 GPS 单、双频接收机 3 台套。

三、方法与步骤

由实验室人员安置好仪器,准确连接各部分连接线,向各实验小组介绍 GPS 接收机的主要构件和操作方法,轮流操作仪器、读数并记录。

(一) GPS 单、双频接收机的外部构件及名称

(1)图 15.1 所示为单、双频接收机(美国 Ashtech)外形、各部件及名称。

(2)GPS 双频接收机按键功能见表 15.1。

表 15.1　GPS 双频接收机按键功能

键　符	功　　能
①	电源开关键
△	短按同级菜单切换;长按(时间大于 3s)返回上一级菜单
▽	短按编辑时显示光标位置;长按(时间大于 3s)进入子菜单
↲	短按接受改变的设置;长按(时间大于 3s)取消操作

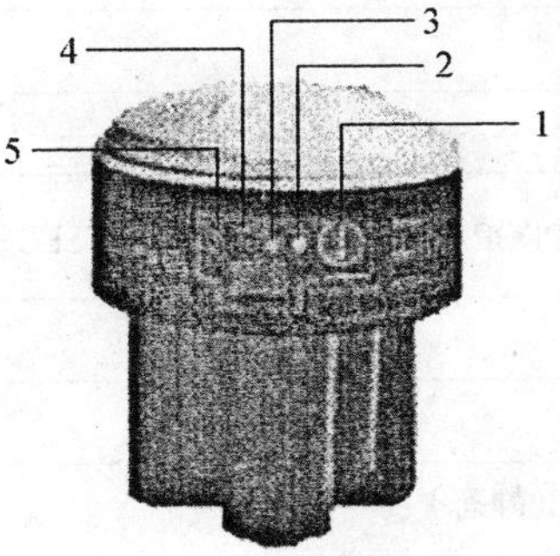

(a) Locus 单频一体化全自动测量系统

1—电源开关;2 —电源指示;3 —卫星状态;
4 — 内存;5 — 观测时间

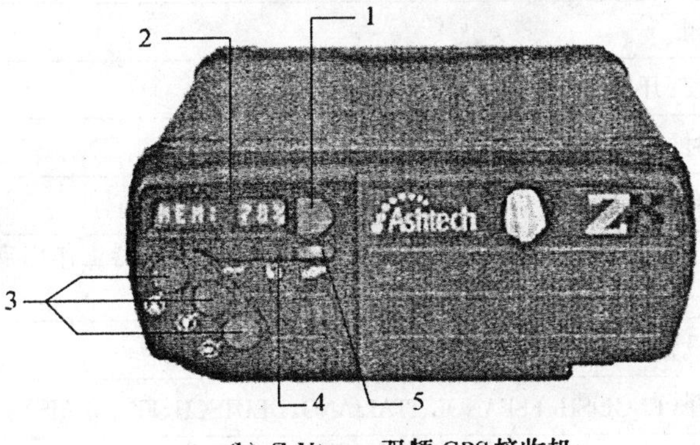

(b) Z-Xtreme 双频 GPS 接收机

1 —电源开关;2 — 显示屏;
3 — 菜单键;4 — 内存;5 —卫星状态

(c) 天线及 PTK 电子手簿

图 15.1　GPS 接收机

(3)GPS 双频接收机显示功能。

① 文件名格式如图 15.2 所示。

② GPS 双频接收机显示功能菜单见表 15.2。

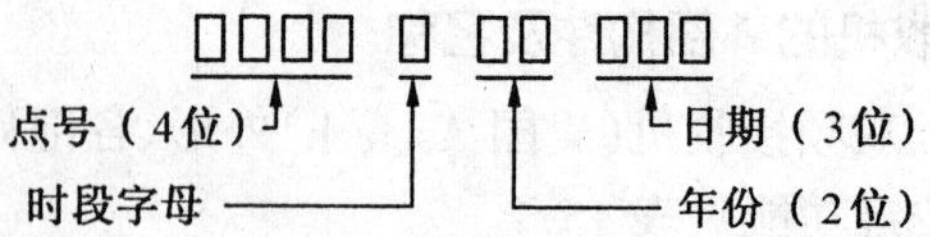

图 15.2　文件名格式

表 15.2　GPS 双频接收机显示功能菜单

模　　式	显　　示	功　　能
SYSINFO （系统信息）	VER.C	仪器内置软件版本号
	S / N	选项(序号)
	BAT	电池剩余电量(分钟)
	MEMC	PC 卡内存剩余量
SURVEY STATIC 测量状态	SITE	输入点号
	ANT	输入天线高
	STATUS	状态:坐标查看、PDOP 值查看、卫星个数 # USED 查看
SURVCONF 测量配置	REC INT	采样率
	ELEV MASK	截止高度角
	MODE	测量模式:STATIC(静态) KINEMATI(准动态) RTK BASE(实时动态基准站)
SESSIONSC 测量时段	STOP SESSION	停止观测
	START SESSION	开始观测
	LIST SESSION	时段列表:开机 5 min 后查看是否生成文件
	NEW SESSION	生成新时段,建立新文件
	DELETE ALL	删除所有时段文件
SETTINGSC 设 置	MEMORY RESET	内存复位:1 表示由动态测量转为静态测量;2 表示仪器工作出现异常
	BAUD RATE	波特率设置:一般情况下勿改变
	LAUGUAGE	语言选择(ENGLISH、ESPANOL、ITALIANO、DEUTSCH、FRANCAIS)
	BEEP	蜂鸣开关
	SAVE	保存:保存天线高、点名,用于某点重复观测时保存数据

(二) GPS 单、双频接收机静态测量

1.布网条件

选点方案:地势开阔,点分布均匀(尽量选在高点),网型强度高。

2.外业测量

接收机操作:架设仪器;连线;输入点名及天线高;观测 20~30 min。

收工顺序:先关主机再撤线。设置距离与观测时间见表 15.3。

表 15.3　设置距离与观测时间

距　　离	时　　间
15~20 km	90 min
10~15 km	60 min
5~10 km	30~45 min
<5 km	20~30 min

* 长边不能超过平均边长的 2~3 倍;最短边是平均边长的 1/3~1/2

3.内业工作步骤

(1) 建立工作项目:Create a new project。

① 输入项目名(Project):Name;

② 进行参数设置:坐标系统(Coordinate System)、投影带(Zone),同时在其他信息(Miscellanenus)中对选项进行设置(可用默认值)。

(2) 下载数据:Project/Add raw data files from receiver 。

(3) 基线解算:Run/Processing[All(全部处理)/Unprocessed(处理新增数据)]。

(4) 自由网平差:Run/Adjustment。

(5) 约束平差:选若干个控制点(Control Sites)进行约束平差。

* 若第 4 步通过第 5 步未通过,很可能是所选控制点有问题或是等级不均匀,或是精度不够。

(6) 报表:Project/Report。

(三) 实时动态测量系统

1. 作业原理

(1) 实时动态(Real Time Kinematic,RTK)测量是在基准站安置一台 GPS 接收机,对所有可见 GPS 卫星进行连续观测,并将观测数据,通过无线电传输设备,实时地发送给流动站。在流动站上,GPS 接收机既接收 GPS 卫星信号,同时又通过无线电接收设备,接收基准站传输的观测数据,再根据相对定位的原理,实时地计算并显示流动站的三维坐标及精度,如图 15.3 所示。

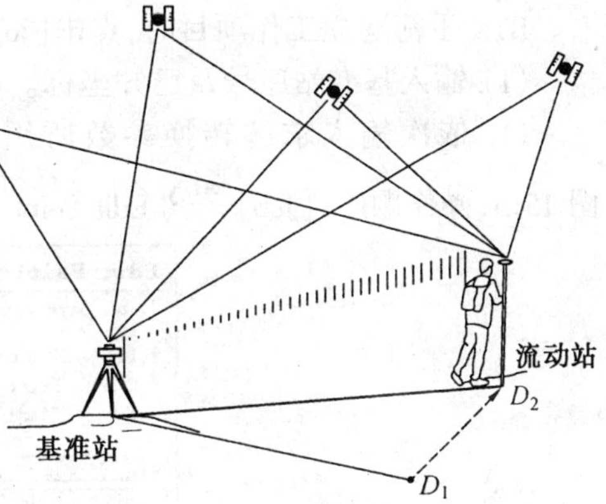

图 15.3　RTK(实时动态)测量

(2) 坐标实时转换:

$\text{WGS84}(B,L)\xrightarrow{\text{投影}}(X,Y)_{54}\xrightarrow{\text{转换}}(X,Y)_{\text{地方}}\rightarrow$ 转换参数(a. 尺度参数;b. 旋转参数;c、d. 平移参数)。

高程:拟合模型 $\bar{\varepsilon} = a + bx + cy$;$h_{\text{未}} = H_{\text{未}} + \bar{\varepsilon}$。

2. **仪器组成**

基准站与流动站；硬件连接如图 15.4 所示：电台接串口 B；RTK 电子手簿接串口 A。

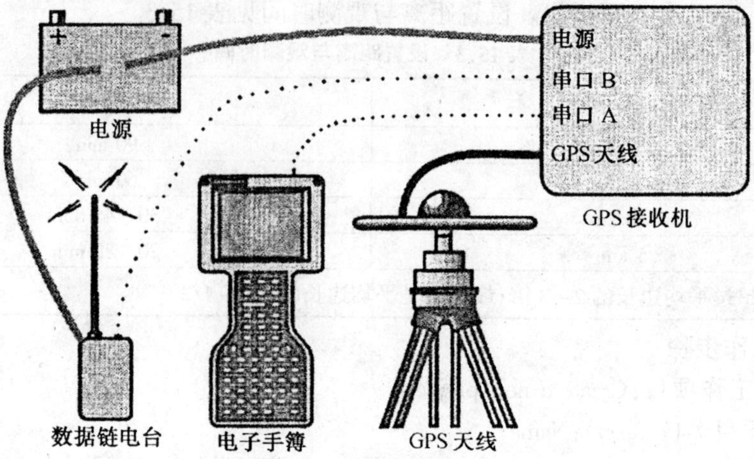

图 15.4　基准站与硬件连接图

3. **性能指标**

作业距离：最大为 40 km(海上为 60 km)；建议距离为 10 ~ 15 km。

精度：平面位置为 $1 + D \times 10^{-6}$cm；高程为 $3 + 2D \times 10^{-6}$cm。

(四) GPS 快速 RTK(实时动态)测量

利用控制点计算坐标转换参数法：适用于测区已有地方假定坐标系而大地定向未知时，则以已知控制点连测的方法构成地平坐标系进行坐标转换。

基准站要尽量布设在地势较高的地方(可以是未知点)；控制点要选择等同精度的点，且要均匀地分布在测区周围。

1. **RTK 手簿建立工作项目操作**

RTK 手簿建立工作项目时，点击[Job]$\xrightarrow{\text{选择}}$[New]，操作如下：

(1) 输入基准站序号及已知坐标。

(2) 依次输入求解转换参数所用的控制点的点号、坐标和高程，RTK 手簿显示见图 15.5；操作顺序：[Job]$\xrightarrow{\text{选择}}$[Edit Points]$\xrightarrow{\text{选择}}$[Insert...]$\longrightarrow$[输入坐标数据]。

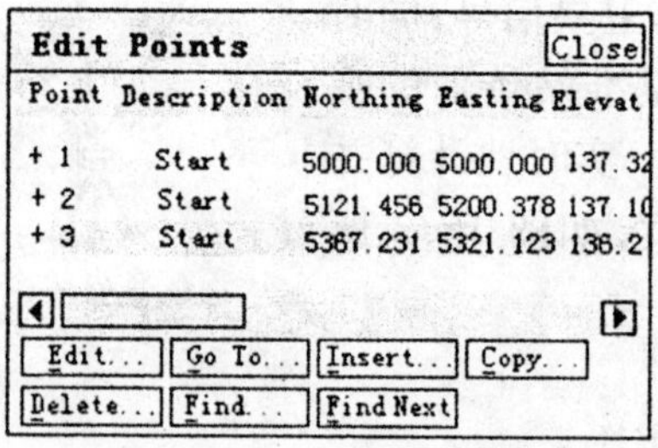

图 15.5　输入数据

(3) 进行选项设置：点击[Job]$\xrightarrow{\text{选择}}$[Settings]，在[Receiver](接收机)选项的 GPS 模式列表框中选择[RTK]，点击[OK]；再选择其他选项进行设置。

2. 设置基准站

RTK 手簿设置基准站操作步骤见表 15.4。

表 15.4　RTK 手薄设置基准站操作步骤

RTK 手 簿 显 示	操　　作
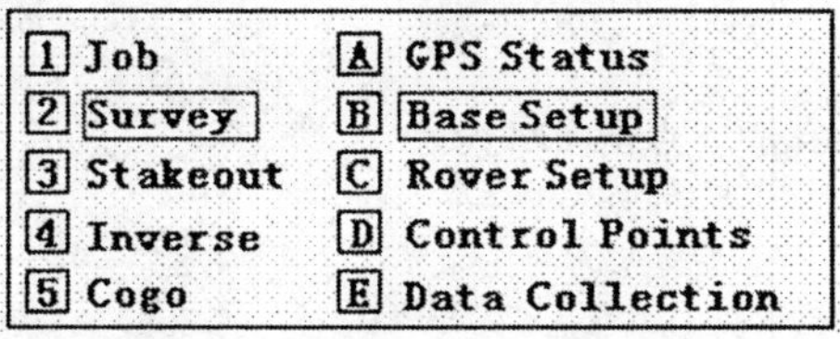	① 点击主菜单[Survey](测量)后,再点击[Base Setup](设置基准站)
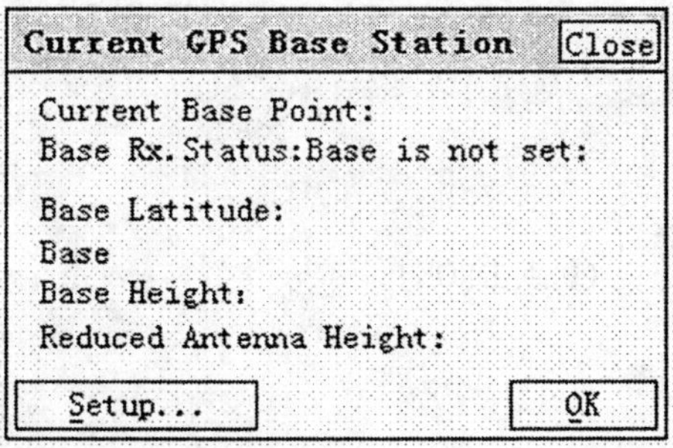	② 点击[Setup...]
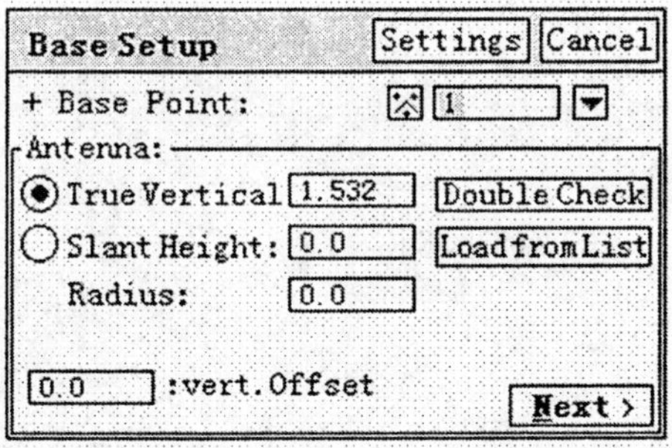	③ 输入基准站点号及天线真高(True Vertical)或天线盘半径(0.1)加天线斜高(Slant Height);点击[Next >]
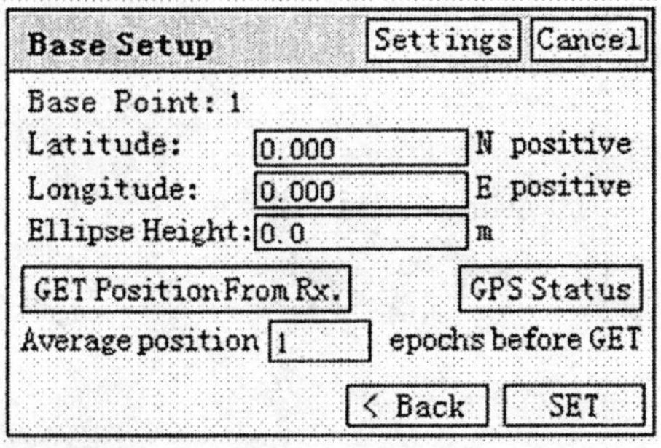	④ 获取基准站的 WGS84 坐标有两种方法: a. 利用 GPS 单点定位坐标点击[GET Position From Rx] b. 若基准站的 WGS84 坐标是已知值,则可以直接输入(建议用 a 方法)

续表 15.4

<table>
<tr><th>RTK 手 簿 显 示</th><th>操　　作</th></tr>
<tr><td>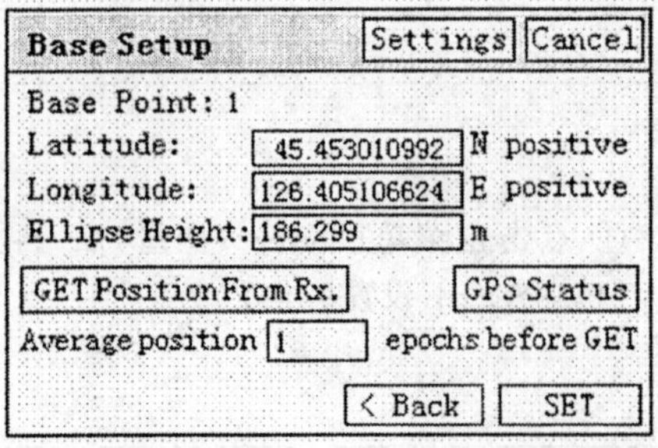
</td><td>⑤ 点击[SET]</td></tr>
<tr><td>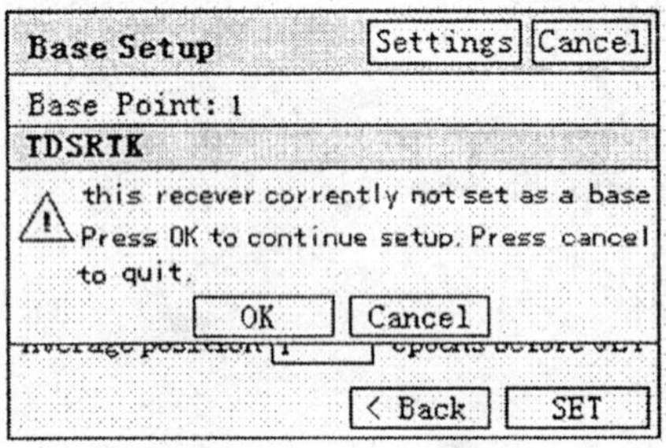
</td><td>⑥ 点击[OK]</td></tr>
<tr><td>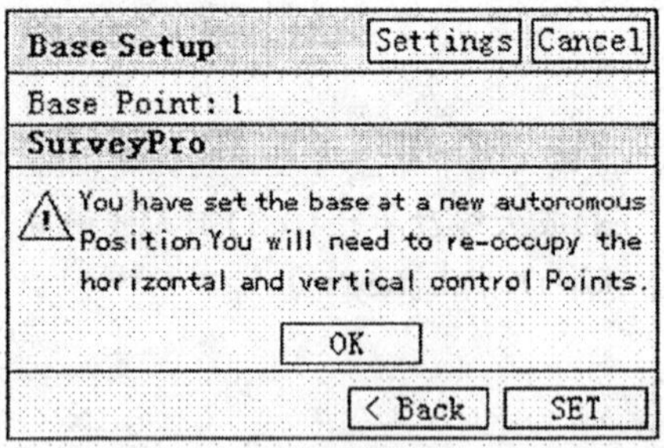
</td><td>⑦ 点击[OK]</td></tr>
<tr><td>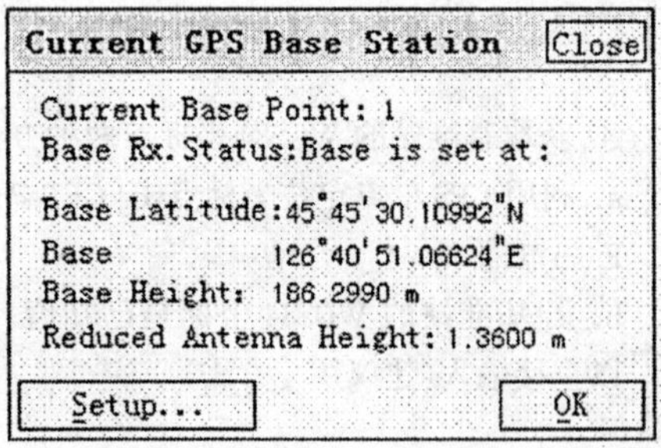
</td><td>⑧ 点击[OK],返回主菜单</td></tr>
</table>

3.设置流动站

RTK 手簿设置流动站操作步骤见表 15.5。

表 15.5 RTK 手簿设置流动站操作步骤

RTK 手簿显示	操作
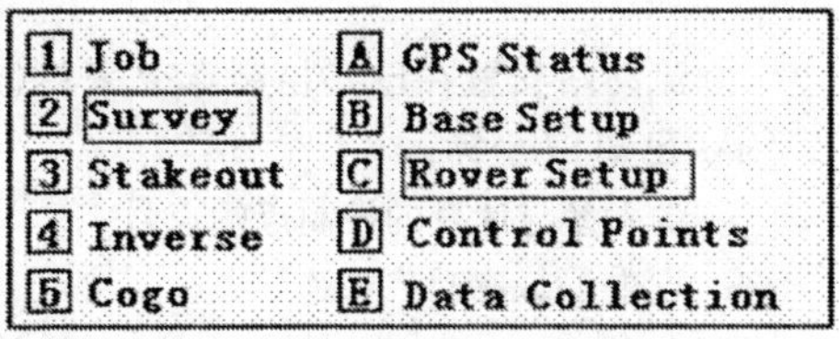	① 点击主菜单[Survey](测量)后,再点击[Rover Setup](设置流动站)
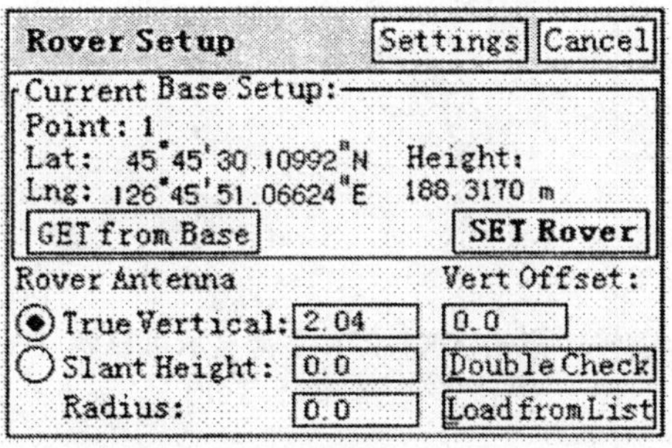	② 输入天线高(2.04 m);点击[SET Rover](流动站设置),然后返回到主菜单 * 流动站天线高是定值
* 若手簿中无基准站坐标,则点击[GET From Base],通过数据链将基准站坐标读到流动站接收机。若用来设置流动站的手簿与设置基准站的手簿为同一手簿,则该手簿中已经存在基准站的坐标,点击[SET]即可	

4.解算坐标转换参数

RTK 手簿解算坐标转换参数操作步骤见表 15.6。

表 15.6 RTK 手簿解算坐标转换参数操作步骤

RTK 手簿显示	操作
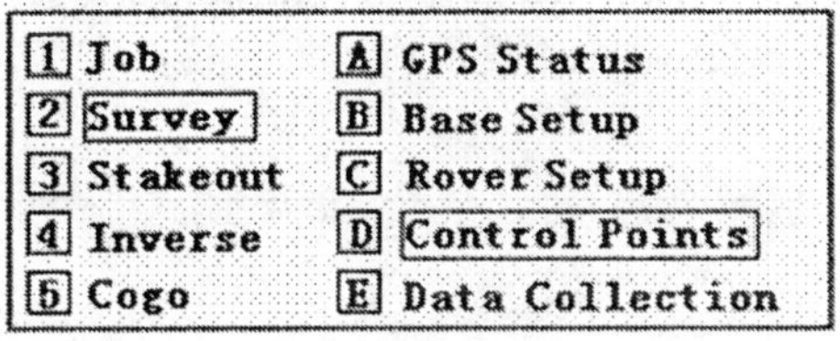	① 点击主菜单[Survey](测量)后,再点击[Control Points](控制点)

续表 15.6

<table>
<tr><th>RTK 手 簿 显 示</th><th>操　　作</th></tr>
<tr><td>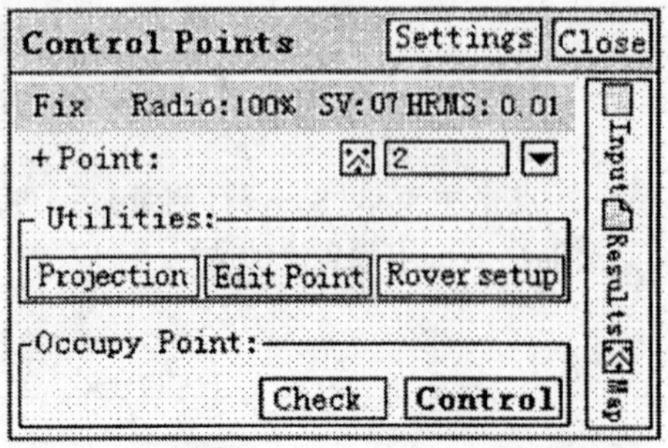
</td><td>② 流动站安置在已知控制点上采集(或输入)已知 84 坐标:
a. 输入参与计算的控制点的点号
b. 点击 [Control]</td></tr>
<tr><td>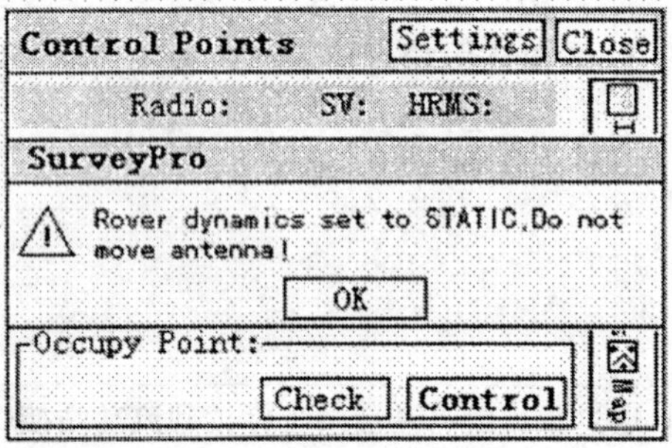
</td><td>c. 点击[OK],RTK 手簿显示可靠解[Fixed]</td></tr>
<tr><td>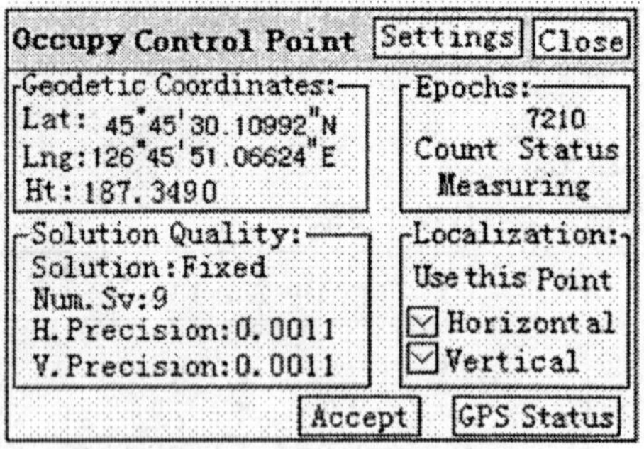
</td><td>d. 点击[Accept]认可,然后回到步骤 a,采集足够的点
* 对于平面转换至少需连测两个控制点;对于高程转换至少需连测三个控制点解算转换参数
e. 点击[Accept]认可,然后回到步骤②,点击[Projection](转换)</td></tr>
<tr><td>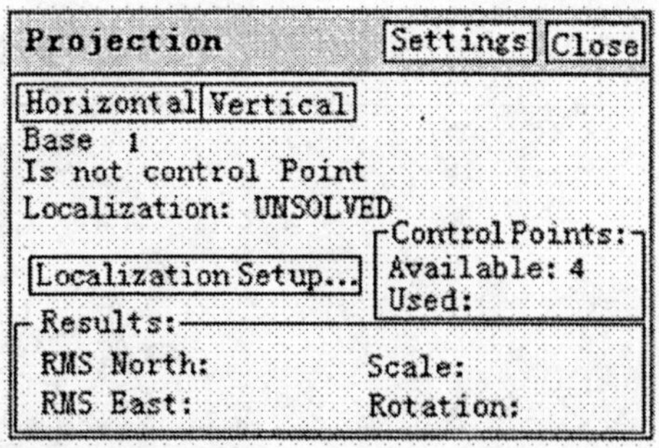
</td><td>③ 点击 [Localization Setup] (转换设置)</td></tr>
</table>

续表 15.6

<table>
<tr><th>RTK 手簿显示</th><th>操　　作</th></tr>
<tr><td>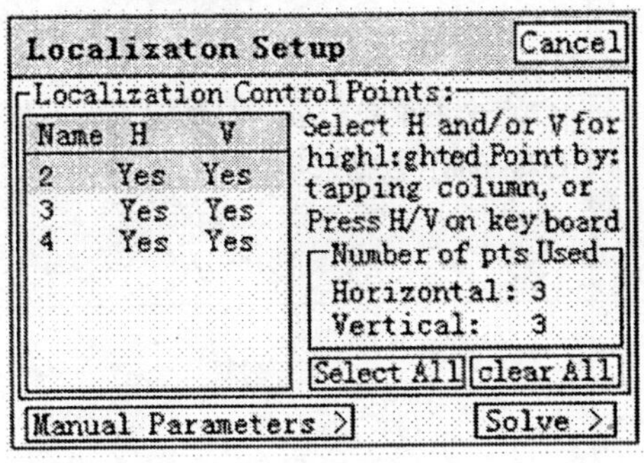
</td><td>④ 点击 [Solve](解算)
*若已知尺度参数、旋转参数和基准站点坐标,则可手工输入转换参数,步骤如下:
a.点击[Manual Parameters](手工输参数)
b.输入基准站点的点号和地方坐标
c.输入尺度参数和旋转参数
d.点击[Solve]解算,因没有采集已知点数据,故 RMS 残差为 N/A</td></tr>
<tr><td>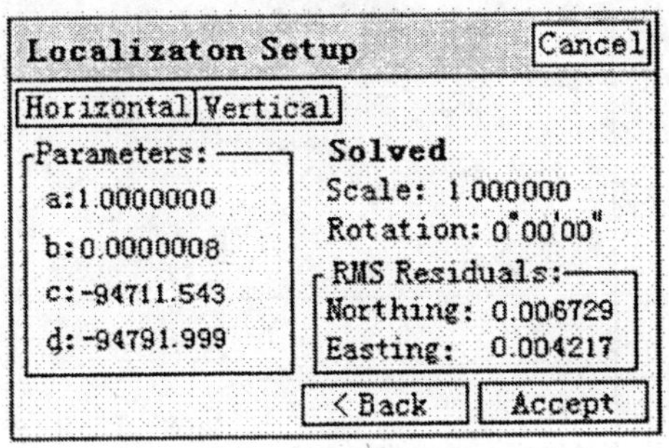
</td><td>⑤ 点击 [Accept](认可)退出</td></tr>
<tr><td>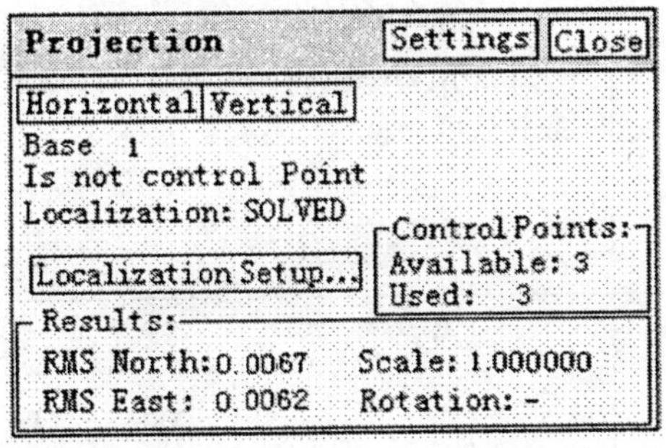
</td><td>⑥ 点击 [Close](关闭),返回 Control Points 屏;再点击[Close](关闭)返回主菜单
*若是手工输入的转换参数,(Control Points:)控制点列表框显示(Used: Manual)解</td></tr>
</table>

5.测量

RTK 手簿测量操作步骤见表 15.7。

表 15.7　RTK 手簿测量操作步骤

RTK 手簿显示	操　作
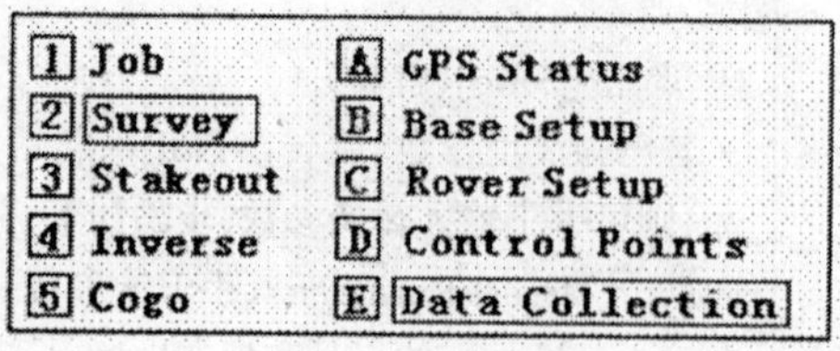	① 点击主菜单[Survey](测量)再点击[Data Collection](数据采集)
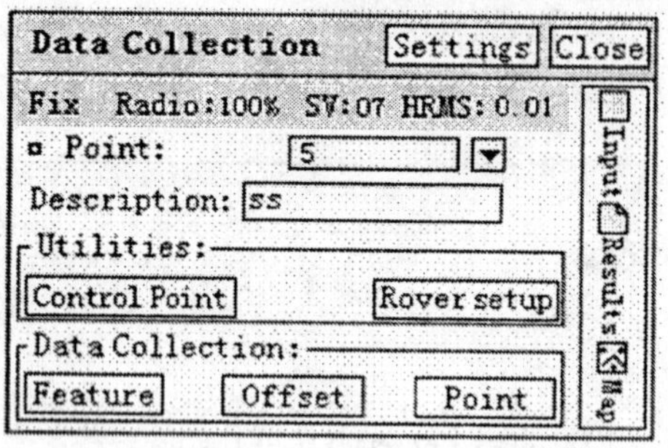	② 在“Point”(点)字域中输入点名
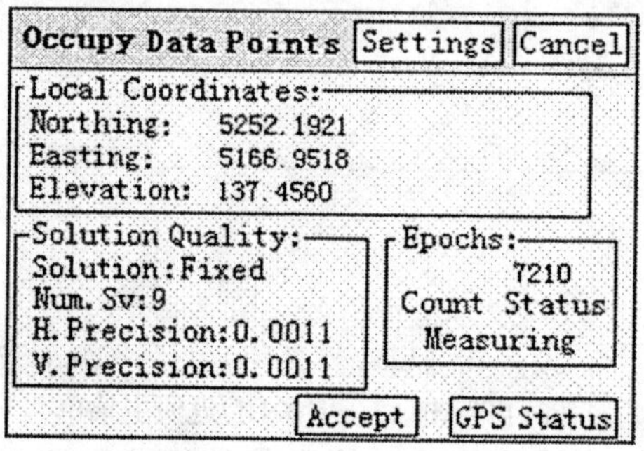	③ 点击[Point]开始测量,在显示[Occupy Data Point](设站观测点)的数据栏中,地方测量坐标随即计算刷新 * 当显示[Fixed](得到可靠解)时,点击[Accept](认可)
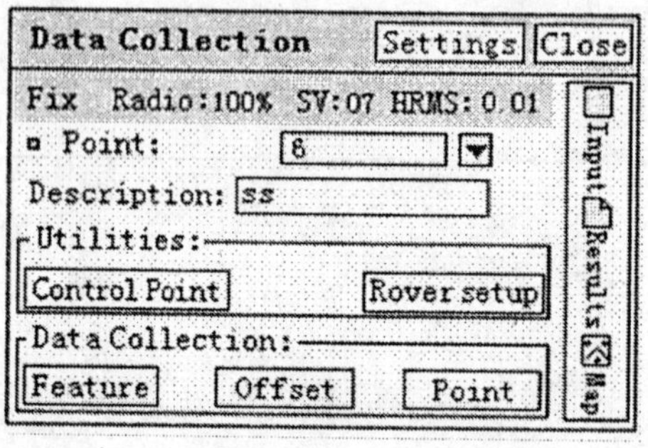	④ 返回[Data Collection](数据采集)屏。重复上述各步骤测量新点

6. 工程放样

(1)GPS 点位放样。

RTK 手簿点位放样操作步骤见表 15.8。

表 15.8　RTK 手簿点位放样操作步骤

<table>
<tr><th>RTK 手簿显示</th><th>操　　作</th></tr>
<tr><td>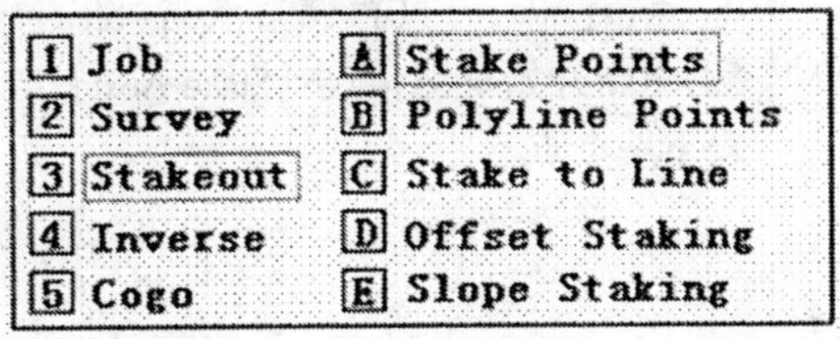
</td><td>① 点击主菜单[Stakeout](放样),再点击[Stake Points](点放样)</td></tr>
<tr><td>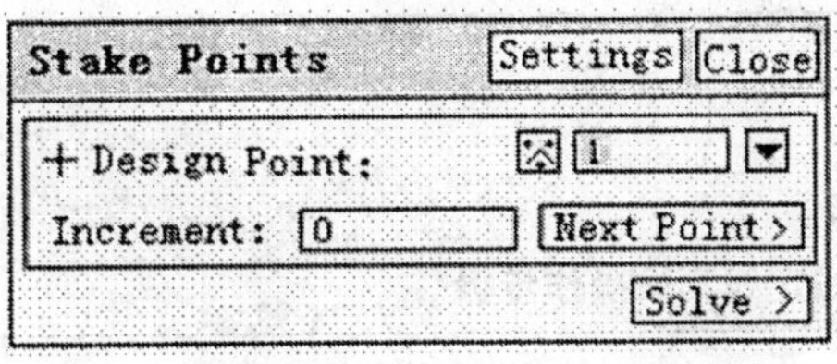
</td><td>② 输入设计点号,点击[Solve](解算)解算出导航数据</td></tr>
<tr><td>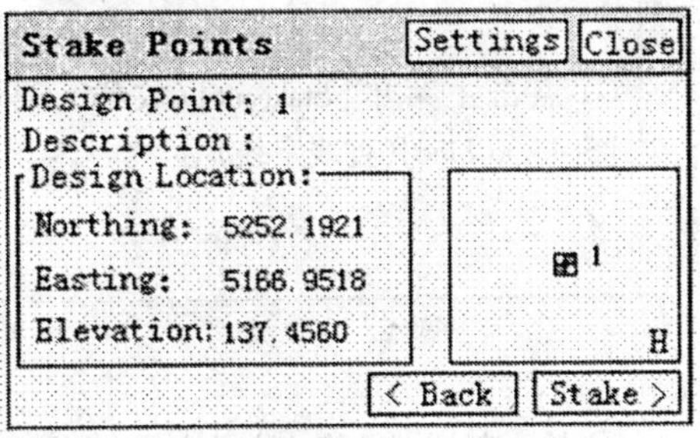
</td><td>③ 点击[Stake],显示“GPS Staking”(GPS 放样)屏,开始测量</td></tr>
<tr><td>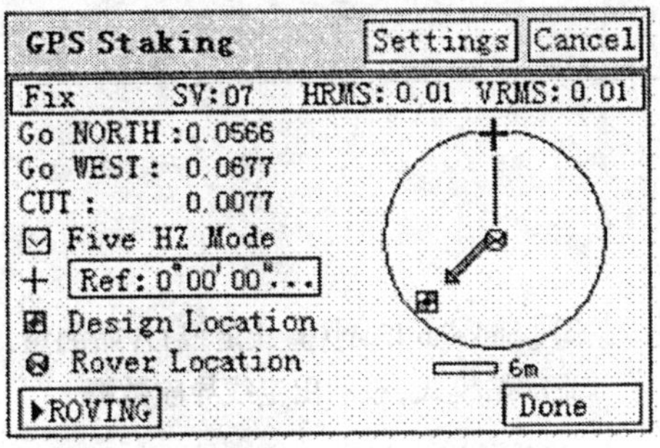
</td><td>④ 当导航图示中杆位标志[ ]与设计标志[ ]重合时,点击[> Roving](流动)切换为设站[停止]模式,接收机由动态转为静态,开始静态测定点位坐标。精度合格后,点击[Done](完毕),随后显示[Stake Points](点放样)屏
* 点击[Five HZ Mode] 5Hz 快速放样模式,只加快数据更新率,快速引导到放样点</td></tr>
</table>

续表 15.8

RTK 手簿显示	操　　作
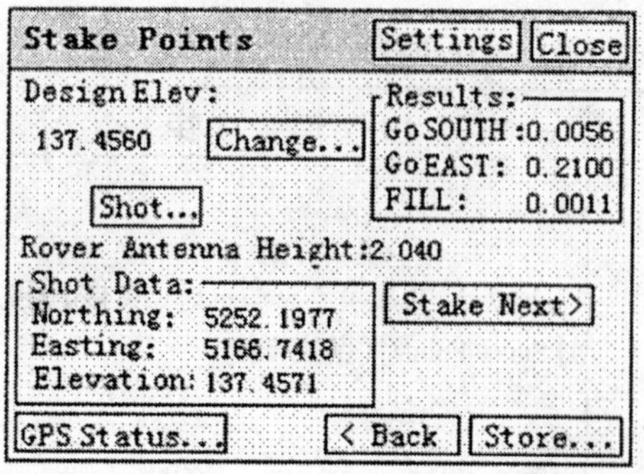	⑤ 点击[Store…](存储);点击[Shot…](观测)重新开始观测;点击[Stake Next],继续测设下一个点

(2)GPS 直线定线测设。

RTK 手簿直线定线测设操作步骤见表 15.9。

表 15.9　RTK 手簿直线定线测设操作步骤

RTK 手簿显示	操　　作
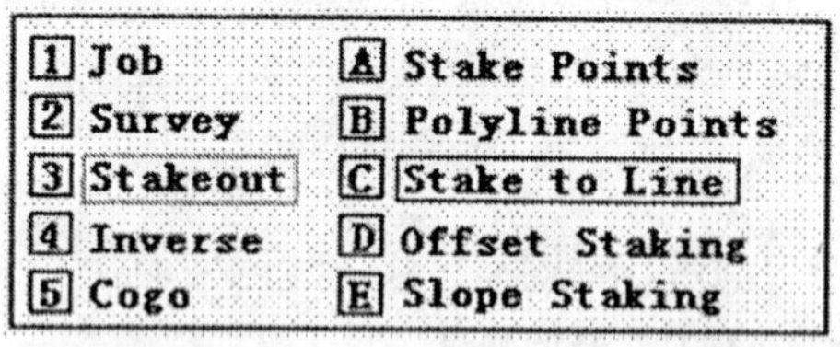	① 点击主菜单[Stakeout](放样),再点击[Stake to Line](直线定线)
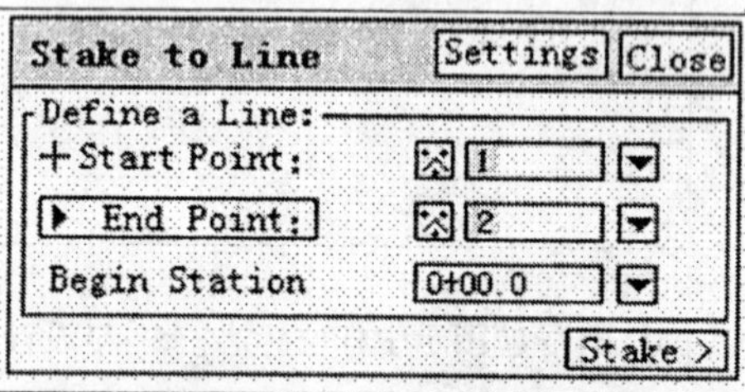	② 输入起始点及终止点的点号,确定直线位置;点击[Stake >](测设)
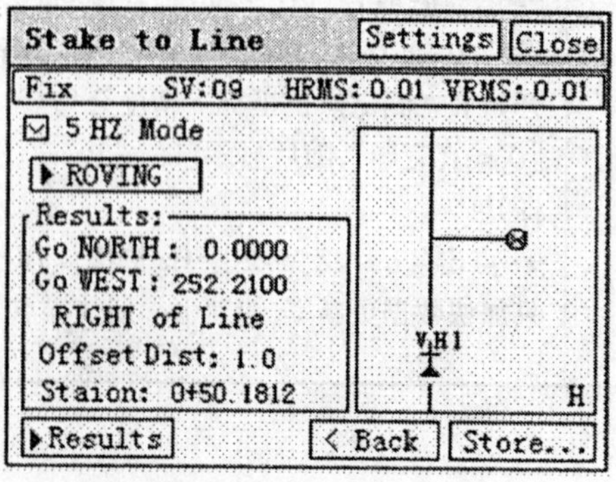	③ [Stake to Line](直线定线)开始测量,处于流动站模式,显示出定线导航数据

续表 15.9

RTK 手簿显示	操　　作
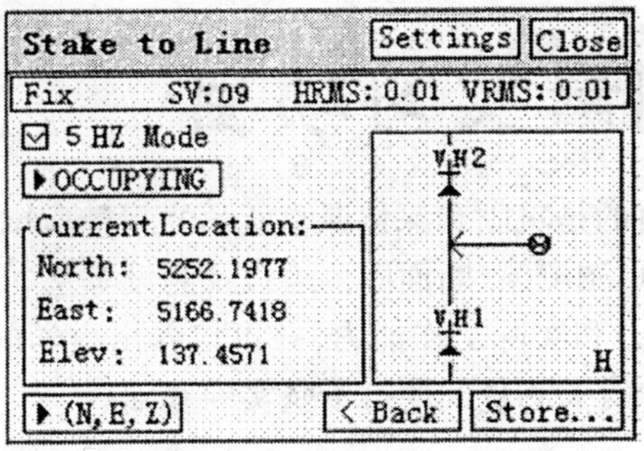	④ 点击[> Results](结果)/[> (N,E,Z)](坐标),"结果"与点位"坐标"显示切换
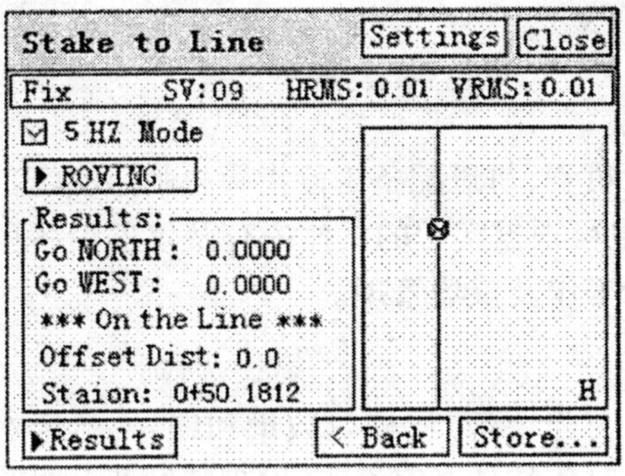	⑤ 杆位到达待定直线,出现" * * * On the Line * * * "标示,点击[> Roving](流动),切换设站模式。接收机由动态转为静态开始测量 ⑥ 当精度合格后,点击[Store…](存储)储存原始数据,返回流动模式。每次用[> Occupying](设站观测),测设若干个点并存储其点位坐标直至完成

四、注意事项

(1) GPS 是目前世界上科技含量最高的测量仪器,使用时要特别注意爱护。

(2) GPS 连接线比较多,注意不要连接错误;特别是外接电源正、负极不要连接错误,以免损坏仪器。注意开始及结束时的操作。

开始作业时要先连接主机与天线、主机与电台、电台与电台天线,然后再打开主机、打开电台。

结束作业时要先关主机,关电台,然后再撤各种连接线。

(3) 作业时注意事项:

① 基准站与控制点的 84 坐标必须是同套坐标数据。

② 在采集控制点进行坐标转换参数计算或在采集点时,要得到 Fixed 解才可接受。

③ 手簿上 JOB / SETTINGS 中的设置在第一次设定后,一般不需要改动;当手簿出现异常(如长时间不能收敛,可用卫星为 0,电台信号差),可进行软复位操作(JOB/SETTINGS/RECEIVER SETTINGS / RESET),复位操作后接收机必须重新进行基准站或流动站的设置。

④ 若等候很长时间仍得不到 Fixed 解(因系统没有解算出整周模糊度),应进行复位操作。

第三部分　测量实习项目

测量实习是测量学教学的重要组成部分,目的是巩固和深化课堂所学的测量学知识,使学生熟练地掌握测量仪器的操作、施测计算、地形图测绘、断面图测绘以及测设等基本技能;通过实习的锻炼能够提高同学们的业务组织能力和实际工作能力,并可培养出科学的工作态度和严谨的工作作风,为今后解决实际工程中有关测量问题打下坚实的基础。

一、测量实习地点、准备及注意事项

(一) 实习地点及组织

地点:实习基地或由指导教师指定实习场地。

组织:实习期间的组织工作由主讲教师全面负责,每班配备1位指导教师。实习工作按小组进行,每班分成4个小组,每组6~8人,但也可根据实习的具体内容及仪器设备条件做灵活安排,选正、副组长各1名,负责组内的测量工作及仪器管理。

(二) 仪器和备品的检验和管理

每个实习小组从实验室领取仪器和备品后,首先要清点、核对数量和编号,然后对仪器进行一般性的检验,并要检查钢尺、皮尺、水准尺等备品是否完好,若发现问题要及时与实验室联系,确认完好后,由组长签字,小组负责保管。

仪器在使用前应进行以下项目的检验和校正:

水准仪:

(1)圆水准器轴平行于竖轴的检验与校正;

(2)十字丝横丝垂直于竖轴的检验与校正;

(3)视准轴平行于水准管轴的检验与校正。

经纬仪:

(1)照准部水准管轴垂直于竖轴的检验与校正;

(2)十字丝竖丝垂直于横轴的检验与校正;

(3)视准轴垂直于横轴的检验与校正;

(4)横轴垂直于竖轴的检验。

(5)竖盘自动归零补偿器是否有效的检验。

实习期间的仪器和备品由各小组管理,指定专人负责,每天实习结束后均应清点仪器和备品;钢尺使用后,要及时擦干净,以免生锈。实习中如发现仪器有故障,应及时报告指导教师,不准自行拆卸。实习期间损坏或丢失仪器或备品,由直接责任者按规定赔偿,若责任不明确,小组全体成员赔偿。

(三)实习注意事项

(1) 必须爱护、注意保管及正确使用仪器(见测量实验实习须知),注意仪器及人身安全,防止事故发生。

(2) 要严格遵守纪律,小组有考勤制度,事、病假需经指导教师批准,如缺勤(无论什么原因)超过 1/4 工日,以不给实习成绩处理。

(3) 实习前要做好准备,随着实习进度认真阅读本实习项目及教材的有关内容。

(4) 在实习中,必须以教学为原则,做到轮流操作,防止偏废,使每个同学都有收获。

(5) 每个同学均应以积极认真的态度对待实习,小组成员之间应密切配合,团结互助,服从指导教师及组长的安排。

(6) 必须重视外业观测记录,记录一律使用铅笔,不准涂改,字迹要工整、清晰。

二、测量实习的计划安排

根据各专业要求不同,教学计划安排的实习项目也有差异。建筑工程、建筑工程管理、房地产、城市规划专业做实习一、实习二;给水与排水、环境工程、建筑环境与设备工程专业做实习一、实习三;交通土建、交通工程专业做实习一、实习四。

实习时间一般为 2 周,现将计划安排列于下表仅供参考。具体日程由各专业的主讲教师根据不同专业做具体布置。

实习计划安排表

实习项目	实习时间	备　注
实习动员、借领仪器、仪器检校、现场踏勘	1 ~ 1.5 天	
大比例尺地形图测绘	4 ~ 7 天	建筑工程、管理、城市规划等专业此项内容可偏重些
管线纵断面图测绘 道路纵、横断面图测绘	2 ~ 4 天	
民用建筑物轴线测设与高程测设	1 ~ 2 天	有条件可以组织到施工现场参观
机　　动	0.5 ~ 1 天	
新型精密测绘仪器介绍	0.5 ~ 1 天	主要介绍数字水准仪、电子全站仪、GPS 接收机
实习总结或考核	0.5 ~ 1 天	

三、上交资料及成绩评定

(一)上交资料

实习结束后,应对测量资料进行整理、编号并装订成册。在封面上写明班组、人员和指导教师姓名以及测绘日期等。

1. 小组应交资料

(1)图根控制测量外业及计算成果,碎部测量记录,地形图。

(2)建筑物轴线测设草图(说明测设精度)。

(3)曲线详细测设数据。

2. 个人应交资料

(1)纵断面图。

(2)横断面图。

(3)实习报告。

(二)实习成绩评定

实习结束后,教师对每个学生在实习期间的表现进行严格而公正地按五级分评定成绩。评定成绩是按工作态度(包括是否服从教师指导、组长安排,是否有丢失、损坏仪器等)、图面与资料情况、仪器操作情况、出勤情况以及口试成绩等五个方面综合加以评定。口试是对学生关于实习内容的基本概念、基本计算和仪器操作情况作进一步的了解。口试的时间安排在实习结束的最后一天,由指导教师进行。

实习一　大比例尺地形图测绘

测图面积:200 m×250 m(由指导教师指定测区)。

测图比例尺:1:500。

一、图根控制点测量

(1)选点及设点:根据测区首级控制点情况,在测区内选 4~8 个图根控制点,组成闭合导线或附合导线形式,作为平面控制。根据测图需要,还可增设支导线点,导线边长不超过 150 m。用小木桩或小钢钉钉入地面,作为点的标志。用油漆将点的编号写在地面上或木桩上;用皮尺量出 2~3 个从此点到永久性固定建筑物或构筑物特征点之间的距离,并绘出选点草图。

(2)量距:用钢尺沿地面往返丈量导线各边边长,其相对精度要满足如下条件,即

$$\frac{|D_{往}-D_{返}|}{D_{平}} \leqslant \frac{1}{3\,000}$$

若地面坡度 $i \geqslant \frac{1}{100}$,要进行倾斜改正。

(3) 测角:用 TDJ6 或 TDJ6E 型经纬仪,采用测回法一个测回测定。要求上、下半测回角值之差 $\Delta\beta \leqslant \pm 40''$,角度闭合差为

$$f_{\beta} \leqslant \pm 60''\sqrt{n}$$

(4) 连测:图根导线要与测区内或附近的一级导线点连测,以获得起算数据,连测的精度同上。若无条件连测,用罗盘仪测定导线起始边的磁方位角并假定起始点的坐标作为起算数据(一级导线点的资料由指导教师提供)。

(5) 导线点的坐标计算:导线全长相对闭合差为

$$K \leqslant \frac{1}{2\,000}$$

若不满足要求,必须查明原因,重新测量部分观测量,重新计算;坐标精度取至厘米。

(6) 高程测量:高程控制点由图根导线点兼作。图根导线点的高程由测区或附近的水准点引测(水准点的高程由指导教师提供),对于支水准路线,需往、返观测。将图根导线点组成

闭合水准路线或附合水准路线，用 DS_3 型水准仪，采用双仪高法或双面尺法测量，每测站的高差之差 $\Delta h \leqslant \pm 6$(mm)，水准路线的高差闭合差为

$$f_h \leqslant \pm 12\sqrt{n} \qquad \text{(mm)}$$

若测量结果满足要求，调整闭合差，计算控制点的高程，高程精度取至毫米。若不能引测高程，可采用假定高程(起始点的高程假定为 120 m)。

二、测图准备工作

(1)绘制坐标方格网：用坐标格网尺绘制 40 cm × 50 cm 的坐标方格网，线划粗细为 0.1 mm。方格网的边长误差不超过 ± 0.2 mm，对角线长度误差不超过 ± 0.3 mm。

(2)展绘导线点：由指导教师根据地形图分幅情况确定图幅西南角坐标值，根据导线点的坐标值展绘导线点。导线点的符号按地形图图式规定的符号绘制，展绘的精度要求为相邻导线点间的图上距离与相应的坐标反算得到的距离比较，其差值不应超过图上 ± 0.3 mm。

三、碎部测量

(1)碎部测量要求：各类建筑物、构筑物及其主要附属设施均应测绘，房屋外廓一般以墙角为准。建筑物、构筑物轮廓凸凹在图上小于 0.5 mm 时，可用直线连接。道路的直线部分每 50 m 测定一个点，转弯部分要按实际情况测定足够的点。电线杆位置均应测绘，电力线、通讯线可不连线，仅在杆位或分线处绘出线路方向。行树测出首尾位置，中间用符号表示。地下管线的检查井、消火拴等均应测绘。围墙、栅栏等均应按实际形状测绘。临时建筑物、堆料场、建筑施工开挖区可不测。图上每 4 ~ 5 cm 应有一个地形点，遇坡度变化处再增设地形点。

(2)测量方法：采用经纬仪测绘法测图。对于建筑物、构筑物等，视距长度最大不超过 80 m，对于其他碎步点可放宽至 120 m。为了与相邻图幅拼接，需测出图边 5 mm。

四、地形图绘制

(1)野外绘制：测量碎部点的同时，按图式规定的符号描绘地物，并进行必要的注记。若建筑区自然地势破坏较多，可不绘等高线，只注记地形点的高程，注记至厘米。文字、数字的字头朝北，字体用等线体，字体大小可参考地形图图式规定，符号的线条宽度按图式规定，若无要求则为 0.15 mm。

(2)地形图的拼接：相邻的图幅要进行拼接，主要地物拼接误差不应超过 1.2 mm，次要地物不应超过 1.6 mm，等高线拼接误差在平坦地区不应超过 1 根等高线。若符合要求，两幅图边按中间位置修改(是否做此项工作，由指导教师决定)。

(3)地形图的检查：先进行图面检查，查看图面上接边是否正确、连线是否有矛盾、符号是否用错、名称注记有无遗漏等，发现问题应记录，用于野外检查时核对。野外检查时应对照地形图全面核对，检查图上地物形状、位置是否与实地一致，地物是否遗漏，名称注记是否正确齐全。若发现问题应设站检查或补测。

(4)地形图的整饰：图幅经检查无误后，可以进行清绘，先绘内图廓及坐标格网交叉点(格网交点绘长 1 cm 的十字线，图廓线上则绘 5 mm 短线)；再绘控制点、地形点符号及高程

注记；再其次绘独立地物和居民地，以及各种道路、线路、水系、植被、等高线及各种地貌符号等。使图上的线条、符号、注记规范、清晰、美观，然后按地形图图式要求进行图廓整饰，注明测图班级、测图成员、测图日期、比例尺、编号、坐标及高程系统等。

实习二　建筑物轴线测设与高程测设

一、图上设计及测设数据的准备

(1)每组在地形图上布设民用建筑物一幢，其建筑面积不小于 400 m^2，并注出外墙轴线交点的设计坐标及室内地坪标高(±0 高程)。

(2)布设一条平行于建筑物主要轴线的三点(如图 1 中 A、O、B)构成的"一"字型的建筑基线，建筑基线的位置应考虑到测设方便，点位不易被破坏，并且不要离建筑主轴线太远。用图解法求出其中一点的坐标(图 1 中的 O 点，O 点位于建筑物轴线的延长线上)，另外两点的坐标根据设计距离及坐标方位角推算。

(3)绘制一张如图 1 所示的测设草图，注出所需的测设数据(该草图仅供参考)。

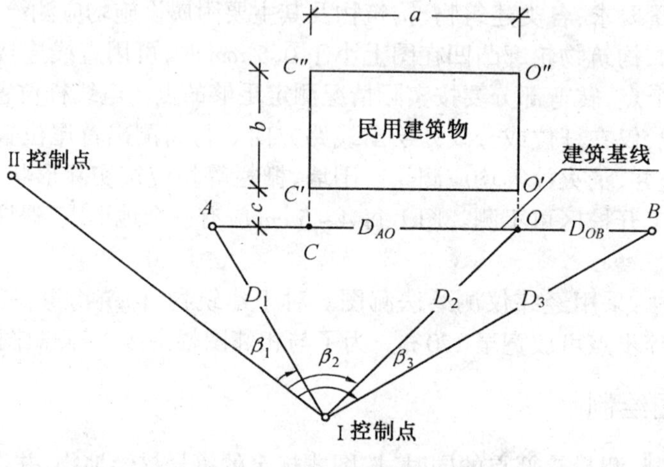

图 1　建筑物轴线测设

二、建筑基线测设

(1) 测设：用极坐标法将 A、O、B 三点用木桩标定在地面上。

(2) 检查：在 O 点安置经纬仪，观测 $\angle AOB$，并且 $\angle AOB - 180° \leqslant \pm 24''$，再丈量 AO 和 OB 的距离，与设计值比较，其相对误差 $K \leqslant \dfrac{1}{10\,000}$，否则应进行改正。

(3) 改正：首先将 A、O、B 三点调整到一条直线上，再根据设计值在基线方向上调整 A、B 点。

三、建筑物轴线的测设

(1) 测设：用直角坐标法测设出建筑物轴线的交点，操作步骤和方法如下。

① 安置经纬仪于 O 点，盘左位置瞄准 A 点，在该方向上从 O 点量水平距离 a，打下木

桩；再重新用经纬仪标定方向和用钢尺量距在木桩上定出 C 点。

② 转动水平度盘变换手轮使水平度盘读数为 0°00′00″；顺时针旋转照准部，使水平度盘读数为 90°00′00″，在该方向上（稍远一点）打下木桩，在木桩上标定 P_1 点。

③ 倒转望远镜盘右位置瞄准 A 点，转动水平度盘变换手轮使水平度盘读数为 180°00′00″，顺时针旋转照准部，使水平度盘读数为 270°00′00″，在木桩上标定该方向 P_2 点，若 P_1、P_2 两点重合（说明仪器没有误差或误差很小），若 P_1、P_2 两点不重合，则取其两点连线的中点 P_0。

④ 用望远镜瞄准 P_0，在该方向上用钢尺从 O 点量水平距离 c，打下小木桩；再重新用经纬仪标定方向，在木桩上前后标定两点并连线，用钢尺量距，在木桩上用方向和距离交会出建筑物轴线的交点 O'；在该方向上用钢尺从 O' 点量水平距离 b，打下小木桩；再重新用经纬仪标定方向，在木桩上前后标定两点并连线，用钢尺量距，在木桩上用方向和距离交会出建筑物轴线的另一交点 O''。

⑤ 安置经纬仪于 C 点，盘左（盘右）位置瞄准 B 点，转动水平度盘变换手轮使水平度盘读数为 0°00′00″（180°00′00″）；逆时针旋转照准部，使水平度盘读数为 270°00′00″（90°00′00″）；盘左、盘右分中取 Q_0 点。

⑥ 望远镜瞄准 Q_0，按步骤 ④ 定出建筑物轴线的交点 C'、C'' 点。

(2) 检查：建筑物轴线长度相对误差 $K \leqslant \dfrac{1}{5\,000}$，角度误差 $\Delta\beta \leqslant \pm 1'$，否则应进行改正。

四、龙门板的设置及 ±0 高程的测设

当建筑物轴线的交点测设精度满足要求后，在一个轴线交点的外侧（约 1.5 m）设置龙门板，要求龙门板上边缘为 ±0 高程，其高程测设误差要小于 ±5 mm。最后用经纬仪将建筑物轴线投测到龙门板上。操作步骤和方法如下。

① 在一个轴线交点外侧的 M_1、M_2 点处各打一大木桩，水准仪安置于已知点 A 与木桩点 M_1、M_2 距离大致相等处，如图 2 所示。

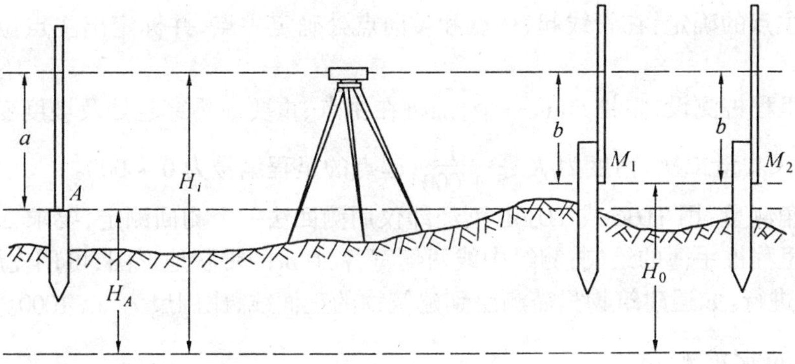

图 2　高程测设

② A 点立水准尺，读取后视读数为 a，根据 A 点的高程 H_A，求得水准仪的视线高程（仪器高程）为：$H_i = H_A + a$。

③ 计算 M_1、M_2 点上水准尺读数，$b = H_i - H_0$（H_0 为设计高程）。

④ 分别把水准尺贴在 M_1、M_2 木桩侧面并上下移动，使水准仪读数为 b，并在木桩上的水准尺底部画线，线高即为设计高程(或测出桩顶高程后，再确定 H_0)。

⑤ 将龙门板上边缘分别对准所画的线，固定龙门板，其上边缘即为 ± 0 高程。

用同样方法，在其他轴线交点外侧均设置龙门板，并将轴线方向投测到龙门板上边缘，用小钉标志(用于恢复轴线)，见图 3。

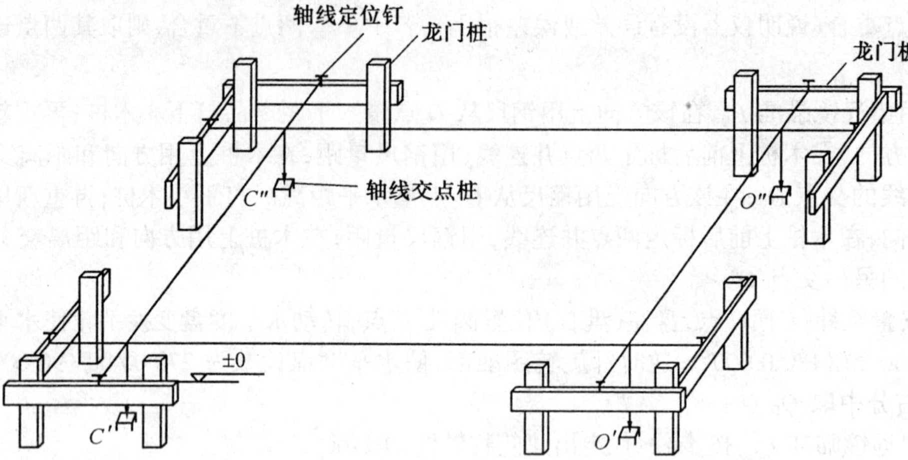

图 3　设置龙门板

实习三　管线纵断面图测绘

任务：每组完成不少于 3 个转向点，长度为 1 ~ 1.2 km 的管线纵断面图的测绘工作(由教师指定地点)。

一、中线测量

(1) 中线主点的确定：在管线起、终点和转向点处确定主点，并标定出主点位置，绘制点位图。

(2) 中线里程桩测设：整桩 50 m 一个，加桩在主点、重要地物穿越处及坡度变化处设置。量距一般用钢尺丈量二次，精度为 $K \leqslant \frac{1}{1\,000}$，起点的里程编号为 0 + 000。

(3) 转向角测量：用 TDJ6 或 TDJ6E 型经纬仪用测回法一个测回测定，要求 $\Delta\beta \leqslant \pm 40''$。

(4) 中线里程桩手簿的绘制：测绘中线两侧宽各 20 m 的带状地形图，可用皮尺以交会法或直角坐标法进行。如遇建筑物只需测绘到建筑物的正面线，比例尺为 1 : 1000。

二、纵断面水准测量

(1) 临时水准点的布设及四等水准测量：沿管线方向在使用方便和易于保存的地方每隔约 300 ~ 500 m 设置一个临时水准点，作为纵断面水准测量分段附合和施工引测高程的依据。临时水准点间高差按四等水准测量精度要求往、返观测，并从测区附近水准点引测其高程。高差闭合差 $f_h \leqslant \pm 20\sqrt{L}$ 或 $f_h \leqslant \pm 6\sqrt{n}$($f_h$ 的单位以 mm 计；L 为水准路线长度，以 km 计；

n 为测站数)。

(2) 纵断面水准测量:以相邻两临时水准点为一测段,从一个临时水准点出发,沿中线一次仪高法测量各里程桩高程,再附合到另一个临时水准点上,若高差闭合差 $f_h \leqslant \pm 40\sqrt{L}$ 或 $f_h \leqslant \pm 12\sqrt{n}$,里程桩高程不作调整。若超过限差要求,则重测该测段。

三、纵断面图绘制

水平比例尺为 1 : 1 000,高程比例尺为 1 : 100,以里程为横坐标、高程为纵坐标,将纵断面图绘制在坐标计算纸上。在纵断面图上设计管径为 300 mm 的压力管道,管道的埋深在冰冻线以下,具体绘制方法参阅测量学教材。

实习四　道路纵、横断面图测绘

任务:每组完成不少于3个转向点,长度 1 ~ 1.5 km 的路线纵、横断面图的测绘工作(由教师指定地点)。

一、中线测量

(1) 中线主点的确定:在路线起、终点和转向点处确定主点,并标定出主点位置,绘制点位图。

(2) 转向角测量:用 TDJ6 或 TDJ6E 型经纬仪用测回法一个测回测定,要求 $\Delta\beta \leqslant \pm 60''$。

(3) 圆曲线主点测设数据计算:根据路线转弯处的实际情况各组自定圆曲线半径(其中 1 ~ 2 个圆曲线,1 ~ 2 个具有缓和曲线的圆曲线),并计算出圆曲线主点的里程,起点的里程编号为 0 + 000(圆曲线主点里程桩号计算要与第(4) 项工作一起进行)。

(4) 中桩(里程桩) 测设:里程桩直线部分按 50 m 排桩,曲线部分取 l = 10 m 排桩,特殊地点(如道路交叉处、跨越重要地物和坡度变化处) 应设加桩,圆曲线部分的桩可以在直线部分中线测定结束之后进行,但是圆曲线的主点必须与直线部分一起测设。量距一般用钢尺丈量 2 次,精度为 $K \leqslant \frac{1}{1\,000}$。

(5) 圆曲线详细测设:

① 根据测量的转向角和已确定的半径 R,若是缓和曲线还要确定缓和曲线长 l_H,取 l_0 = 10 m 按整桩号计算偏角法和切线支距法详细测设圆曲线的数据。

② 用偏角法和切线支距法(每个组自定 1 ~ 2 个用偏角法,1 ~ 2 个用支距法) 详细测设圆曲线。

③ 检查测设精度,一般纵向(切线方向) 不超过 $\pm\frac{L}{1\,000}$(L 为圆曲线长);横向(法线方向) 不超过 ± 10 cm。

(6) 中线里程桩手簿的绘制:测绘中线两侧宽各 10 m 的带状地形图,可用皮尺以交会法或直角坐标法进行。如遇建筑物只需测绘到建筑物的正面线。比例尺为 1 : 1 000。

二、道路纵、横断面水准测量

(1) 临时水准点的布设及四等水准测量:沿线路方向,在使用方便和易于保存的地方每隔约300～500 m设置临时水准点，作为纵断面水准测量分段附合和施工测量引测高程的依据。临时水准点间高差按四等水准测量精度要求往、返观测，并从测区附近水准点引测其高程(水准点高程由指导教师提供)。高差闭合差 $f_h \leqslant \pm 30\sqrt{L}$($L$ 为水准路线长度，以 km 计)。

(2) 纵断面水准测量：以相邻两临时水准点为一测段，从一个临时水准点出发，沿中线一次仪高法测量各里程桩(包括曲线上的里程桩)高程，再附合到另一个临时水准点上，若高差闭合差 $f_h \leqslant \pm 50\sqrt{L}$，里程桩高程不作调整，若超过限差要求，则重测该测段。

(3) 横断面水准测量：用手水准或水准仪测定各里程桩及垂直于中线两侧各 10 m 的横断面上的有变化点的高程，水平距离用皮尺量至 0.1 m，水准尺读至 0.1 m。

三、纵、横断面图绘制

纵断面图绘制：水平比例尺为 1:1 000，高程比例尺为 1:100，以里程为横坐标，高程为纵坐标，将纵断面图绘制在坐标计算纸上，具体绘制方法参阅测量学教材。

横断面图绘制：水平与高程比例尺均为 1:100，具体绘制方法参阅测量学教材。

第四部分　测量学作业

测量学作业可以检查学生对所学的测量学理论的掌握程度，也是运用所学的理论知识解决实际问题的手段，并能使学生将测量学理论更灵活地应用到实践中。

作业一　图根导线测量内业

一、目的

(1)根据图根导线的外业观测数据和已知控制点的坐标，计算图根导线各点的坐标。

(2)绘制坐标格网及根据图根导线点的坐标，将坐标展绘在坐标格网内。

二、用具

(1)具有函数功能的计算器。

(2)三角板、格网尺(向实验室借用)。

(3)2 号图纸 1 张，2H ~ 4H 铅笔 1 支，以及橡皮等(自备)。

三、方法与要求

(一)闭、附合导线的坐标计算

可根据各专业需要选做一种，在测量学实验报告附表中计算。

1.闭合导线坐标计算

闭合导线的起始数据、观测数据见表 1 及图 1。该作业的起始数据、连接角、连接边共 36 组，每位同学计算的题号和本人的学号要对应起来，不许选做或几个同学共做同一题。

闭合导线观测数据：

$\beta_1 = 104°04'40''$，$D_1 = 171.05$ m；$\beta_2 = 57°01'06''$，$D_2 = 156.07$ m；$\beta_3 = 216°15'20''$，$D_3 = 178.51$ m；$\beta_4 = 48°30'14''$，$D_4 = 184.61$ m；$\beta_5 = 114°09'30''$，$D_5 = 200.62$ m

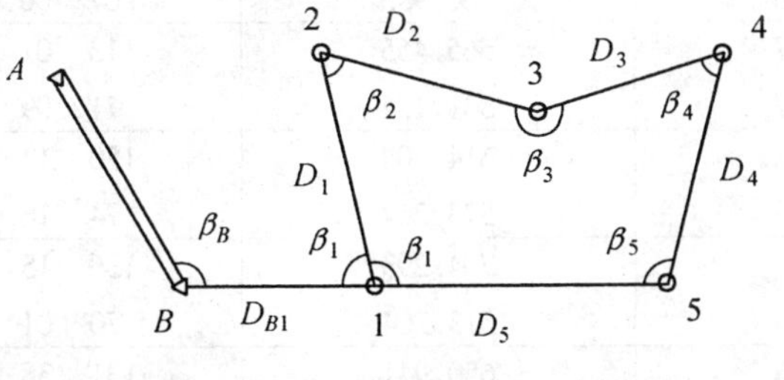

图 1　闭合导线

表 1　闭合导线起始、观测数据

题号	已知点坐标 X_A / Y_A (m)	已知点坐标 X_B / Y_B (m)	连接角 β_B / β'_1 (° ′ ″)	连接边 D/m
1	899.571 880.346	698.257 599.013	125 01 20 75 05 30	175.28
2	910.534 869.313	688.614 610.579	134 06 40 66 07 10	180.31
3	898.695 999.761	641.789 750.881	139 15 00 73 20 15	177.56
4	800.201 956.139	599.197 705.214	130 21 10 77 05 30	181.49
5	855.398 867.415	590.141 634.259	141 30 22 64 23 10	179.08
6	955.596 753.621	775.401 476.456	122 40 15 77 30 38	174.23
7	987.698 986.732	733.591 706.620	146 01 35 70 06 46	186.78
8	1089.275 590.527	848.391 324.714	134 01 30 72 31 50	178.26
9	1014.451 673.972	776.31 397.658	131 40 25 74 28 40	180.79
10	1075.460 884.579	932.128 576.456	119 15 30 69 19 25	181.56
11	939.826 849.627	633.223 635.425	144 07 10 71 59 23	170.39
12	936.526 773.266	707.691 501.094	135 09 15 68 29 19	175.91
13	832.754 801.007	690.985 463.253	112 10 23 72 30 29	181.08
14	950.948 921.018	729.816 604.305	123 07 08 69 49 50	178.29
15	898.787 771.066	558.744 660.955	158 03 17 67 06 23	170.23
16	800.997 850.047	665.455 531.124	113 01 06 71 09 28	180.36
17	958.747 731.026	614.304 573.264	150 13 15 74 16 37	176.57
18	977.665 775.466	704.293 513.204	136 15 36 70 01 28	186.39
19	899.886 720.916	650.941 457.643	131 38 46 72 11 34	180.53

续表 1

题号	已知点坐标		连接角	连接边 D/m
	X_A	X_B	β_B	
	Y_A	Y_B	β'_1	
	m	m	° ′ ″	
20	719.806	609.895	109 39 53	172.68
	768.756	413.203	66 49 58	
21	988.678	788.776	126 02 30	185.76
	891.087	610.905	74 04 20	
22	998.781	768.756	135 07 50	191.30
	881.074	620.915	65 06 00	
23	910.907	622.114	140 16 08	178.45
	987.678	739.826	72 29 30	
24	788.216	604.572	129 31 25	183.57
	968.758	700.341	77 55 30	
25	843.237	591.084	139 30 27	189.34
	879.867	623.215	65 00 23	
26	943.238	777.659	121 50 10	176.97
	765.456	471.063	77 49 50	
27	897.686	639.824	147 00 15	140.28
	974.368	701.096	70 46 56	
28	1077.558	859.947	133 05 20	197.38
	602.195	313.202	72 11 10	
29	1002.199	787.676	130 10 23	189.51
	685.475	386.572	74 18 41	
30	1063.259	943.238	117 15 35	178.67
	896.587	565.454	70 28 25	
31	927.616	644.321	143 07 23	181.98
	851.047	624.315	71 06 39	
32	862.246	597.683	135 01 25	146.32
	785.476	511.004	68 39 00	
33	819.807	700.345	110 10 33	175.68
	813.207	452.571	72 00 30	
34	938.728	740.936	122 07 18	180.26
	933.228	593.284	68 50 20	
35	886.577	569.856	157 00 22	171.59
	783.276	659.845	68 01 42	
36	788.778	669.855	112 07 04	179.13
	862.157	530.924	70 24 30	

2. 附合导线坐标计算

附合导线的起始数据、观测数据见表2及图2。该作业的已知数据共有38组，每位同学计算的题号应和本人的学号要对应起来，不许选做或几个同学共做同一题。

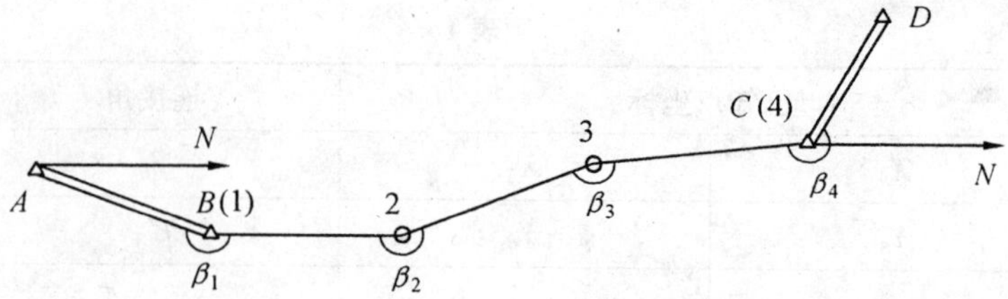

图 2　附合导线

附合导线观测数据：

$\beta_1 = 191°56'36''$，$\beta_2 = 214°39'12''$，$\beta_3 = 143°13'24''$，$\beta_4 = 266°57'12''$；

$D_{12} = 160.32$ m，$D_{23} = 195.25$ m，$D_{34} = 140.81$ m。

表 2　附合导线起始数据

题号	已知点坐标				题号	已知点坐标			
	A $\frac{X}{Y}$/m	B $\frac{X}{Y}$/m	C $\frac{X}{Y}$/m	D $\frac{X}{Y}$/m		A $\frac{X}{Y}$/m	B $\frac{X}{Y}$/m	C $\frac{X}{Y}$/m	D $\frac{X}{Y}$/m
1	721.465 1 063.633	1 560.135 1 608.272	2 028.802 1 675.404	2 470.551 778.266	2	915.638 1 128.316	1 763.660 1 658.276	2 233.645 1 717.285	2 659.714 812.594
3	1 068.138 1 193.152	1 925.255 1 708.273	2 396.082 1 758.873	2 806.341 846.904	4	997.452 1 251.107	1 859.007 1 758.771	2 330.480 1 805.300	2 732.810 889.805
5	1 125.628 1 323.797	2 000.154 1 808.776	2 472.644 1 843.155	2 850.915 917.460	6	591.149 1 466.092	1 469.966 1 943.251	1 942.820 1 973.396	2 312.819 1 044.364
7	985.112 1 470.240	1 876.008 1 924.446	2 349.433 1 942.084	2 695.213 1 003.769	8	955.769 1 327.476	1 853.284 1 768.460	2 326.951 1 779.172	2 658.819 835.846
9	651.624 1 500.280	1 556.740 1 925.445	2 030.396 1 927.801	2 345.658 978.797	10	902.053 1 590.887	1 814.332 2 000.456	2 287.704 1 994.894	2 586.634 1 040.619
11	837.808 1 143.405	1 757.153 1 536.857	2 230.508 1 522.702	2 512.598 563.314	12	1 042.514 1 216.895	1 968.549 1 594.332	2 441.500 1 572.043	2 706.897 607.904
13	732.609 1 382.863	1 664.001 1 746.882	2 136.802 1 717.781	2 388.243 749.908	14	1 075.643 1 508.829	2 012.247 1 859.218	2 484.615 1 823.282	2 721.905 851.843
15	1 006.850 1 468.854	1 950.410 1 800.055	2 421.647 1 754.648	2 639.062 778.569	16	1 265.323 2 148.888	2 214.566 2 463.433	2 685.278 2 409.507	2 885.482 1 429.753
17	921.524 1 936.136	1 876.054 2 234.251	2 345.478 2 172.502	2 528.743 1 189.438	18	944.929 1 350.144	1 903.680 1 634.392	2 372.127 1 565.763	2 541.123 580.146
19	803.189 1 617.965	1 766.038 1 888.005	2 233.757 1 812.222	2 388.161 824.214	20	733.123 1 732.714	1 700.501 1 986.050	2 166.500 1 902.425	2 303.781 911.893
21	910.958 1 985.978	1 882.622 2 222.345	2 347.360 2 130.295	2 467.285 1 137.512	22	947.564 1 544.631	1 923.184 1 764.099	2 386.288 1 664.079	2 488.965 669.364
23	882.706 1 448.069	1 861.125 1 654.700	2 322.901 1 548.652	2 412.500 552.674	24	731.438 1 777.734	1 713.342 1 967.115	2 173.171 1 852.880	2 245.229 855.480
25	801.199 1 929.124	1 786.250 2 101.387	2 244.004 1 979.210	2 298.692 980.707	26	731.231 1 856.744	1 719.355 2 010.401	2 174.750 1 879.605	2 210.599 880.248
27	800.886 1 613.338	1 791.535 1 749.774	2 244.525 1 611.000	2 262.976 611.170	28	856.188 1 366.587	1 849.073 1 485.665	2 299.604 1 339.000	2 300.554 339.000

续表 2

题号	已知点坐标				题号	已知点坐标			
	A $\frac{X}{Y}$/m	B $\frac{X}{Y}$/m	C $\frac{X}{Y}$/m	D $\frac{X}{Y}$/m		A $\frac{X}{Y}$/m	B $\frac{X}{Y}$/m	C $\frac{X}{Y}$/m	D $\frac{X}{Y}$/m
29	1 070.141 1 443.413	2 064.958 1 545.096	2 512.801 1 390.604	2 496.250 390.741	30	517.785 1 373.611	1 514.101 1 459.366	1 959.183 1 297.960	1 926.638 298.490
31	953.855 1 525.603	1 951.513 1 594.005	2 393.696 1 424.905	2 343.762 426.153	32	837.495 1 442.188	1 836.410 1 488.762	2 274.808 1 309.991	2 203.050 312.569
33	574.081 1 646.368	1 573.655 1 675.550	2 009.174 1 489.000	1 920.067 492.978	34	637.420 1 724.706	1 637.350 1 736.535	2 069.507 1 542.666	1 963.127 548.340
35	755.392 1 558.790	1 755.377 1 553.215	2 183.872 1 351.901	2 060.204 359.577	36	830.443 1 667.668	1 830.102 1 641.540	2 254.605 1 431.108	2 110.565 441.536
37	574.208 1 694.880	1 573.261 1 651.358	1 993.810 1 433.921	1 832.570 446.997	38	632.359 1 782.332	1 630.509 1 721.526	2 047.179 1 496.802	1 868.883 512.825

3. 计算要求

(1) 角度闭合差 $f_\beta \leqslant \pm 60''\sqrt{n}$，其中 n 为观测角个数，角度计算取至秒。

(2) 坐标增量及坐标取至厘米。

(3) 导线全长相对闭合差 $K = \dfrac{f_D}{\sum D} = \dfrac{1}{\sum (D/f_D)} \leqslant \dfrac{1}{2\,000}$，其中 $\sum D$ 为导线全长；$f_D = \sqrt{f_x^2 + f_y^2}$。

(二)绘制坐标方格网

(1)在 2 号图纸上绘制 10 cm × 10 cm 的方格网，图幅长 50 cm，宽 40 cm，绘制方法可用坐标格网尺法或对角线法。

(2)绘制方格网的限差要求见表 3。

表 3　绘制方格网限差

项　　目	限　差/mm
方格网实际长度与理论长度之差	0.2
图廓对角线实际长度与理论长度之差	0.3
坐标格网线粗度	0.1

(3)方格网只保留“+”字交叉线，线长为 10 mm。

(三)导线点展绘(按 1:1000 比例尺)

为使导线点均匀地展绘在图幅中间，根据导线点纵横坐标的最大和最小值，取 100 m 的倍数，确定(假定)坐标格网西南角的坐标值。然后将计算好的各导线点坐标展绘到格网中，展绘限差为：相邻导线点间图上长度与图上理论长度之差 $\Delta d \leqslant \pm 0.3$ mm。

作业二　地形图绘制

一、目的

(1)在作业一的基础上,根据碎部点成果展绘碎部点。

(2)根据图上碎部点高程,勾绘等高线。

(3)地形图的整饰。

二、用具

(1)量角器(20 cm)、比例尺、直尺。

(2)2H~4H 铅笔 1 只和橡皮 1 块。

三、方法和要求

(一)碎部点的展绘

(1)绘图比例尺为 1:1000。

(2)展绘碎部点时的测站点和起始方向,可以根据导线点在图上位置布置情况自定。

(3)展绘碎部点的方法可以用极坐标法或直角坐标法,碎部点成果表中的水平角指从起始方向顺时针旋转到碎部点方向的角度。

(4)在碎部点的右侧注记该点高程。

(二)勾绘等高线

(1)图内地物按图式符号描绘。房屋按特征点用直线连接。道路、河流应将其特征点绘出,并依据这些点勾绘平滑曲线,另一侧若无特征点可依照所测的宽度作对面的平行曲线。

(2)根据碎部点的高程用目估法勾绘等高线,等高距为 1 m,首曲线线粗为 0.15 mm;每隔 5 m 的整倍数绘计曲线,线粗为 0.3 mm。等高线应为平滑曲线,勾绘完毕可依据地形进行适当调查。

(三)地形图的整饰

检查地物和等高线,确认无误后进行整饰。整饰要求:

(1)除了图式上注明的线宽外其他线均按 0.15 mm 的线宽整饰。

(2)注记字头朝北(等高线高程朝山顶),字的顺序从左至右,由上至下排列,上下、左右是以 45°为分界线 45°以上用上下排列,45°以下用左右排列,字体均采用等线体。字体大小和注记要求:

①碎部点高程注记在点的右侧或上侧,字体大小为 2.0 mm×1.5 mm。

②计曲线宽度为 0.3 mm,高程注记字头朝山顶,与曲线垂直(注记处曲线断开),字体大小为 2.5 mm×2.0 mm。

③河流、道路、房子等名称视具体地物大小情况而定。

(3)导线点用圆表示,直径 1.5 mm,圆心为导线点点位,注记在右侧,为分式形式,分子为导线点编号，分母为导线点高程，分数线 10 mm 长，字体大小为 2.5 mm×2.0 mm。如 $\odot\frac{A_5}{125.25}$。

(4)图内坐标格网只保留"+"交叉线，线长 10 mm，内图廓边上的格网线长为 5 mm，如图 3 所示。

(5)距内图廓 12 mm 处绘外图廓线，线粗 0.5 mm，并在内外图廓间四角标注图廓四角坐标。

(6)在距外图廓正下方 5 mm 处注记数字比例尺，字体大小为 4 mm×2.5 mm。

(7)图右下角注明测量员、绘图员、检查员，左下脚注明测图所用的平面直角坐标系和黄海高程系。

(8)在图的正上方注明图名，字体大小为 8 mm×8 mm。

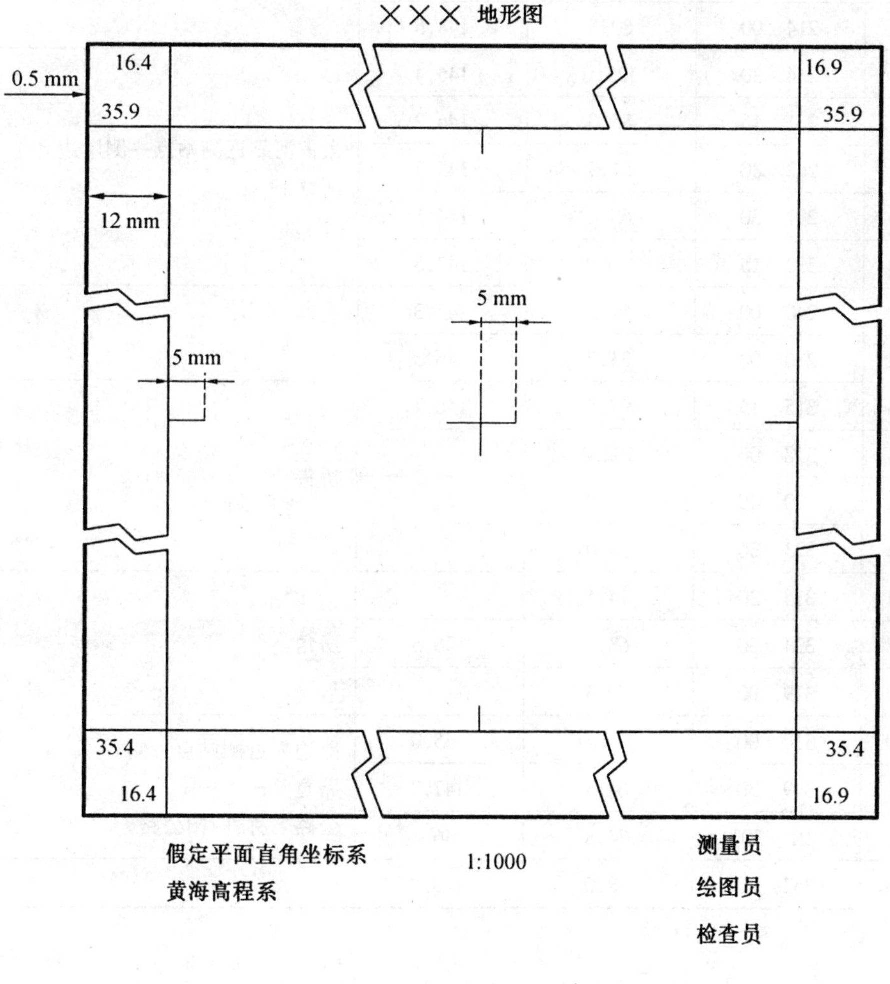

图 3　绘制坐标方格网

根据外业采集的碎部点成果(表 4)展绘的碎部点见图 4,其中图中控制点Ⅰ为测站点,控制点Ⅱ为起始方向定向。当用直角坐标法展绘时,首先将表 4 中极坐标数据换算成直角坐标数据。

表 4　碎部点成果表(由经纬仪测绘法记录整理)起始方向自定

测站	测点	水平角 ° ′	水平距离 /m	高程 /m	备注
		0 00			测站点高程为 150.9 m
	1	53 00	52.5	146.2	
	2	140 25	50.0	146.7	
	3	181 30	72.5	146.1	
	4	209 15	37.0	149.3	
	5	214 00	80.5	148.5	
	6	214 30	125.0	146.4	太古河靠近测站点一侧岸边 河宽 13 m
	7	231 15	85.0	146.2	
	8	262 30	61.5	145.7	
	9	297 30	65.0	144.1	
	10	332 15	117.1	143.5	
	11	240 00	51.5	147.3	
	12	286 00	31.2	146.5	
	13	315 15	97.5	146.1	桥头
	14	318 00	102.4		
	15	320 45	88.0		
	16	323 30	94.0		
	17	315 30	74.5		房角
	18	324 30	63.5	146.5	
	19	329 00	70.5		
	20	310 00	110.0	145.0	路边靠近测站点一侧 路宽 6 m 公路名称:向阳公路
	21	349 30	64.1	147.7	
	22	21 30	74.8	146.1	
	23	352 30	38.0	149.2	

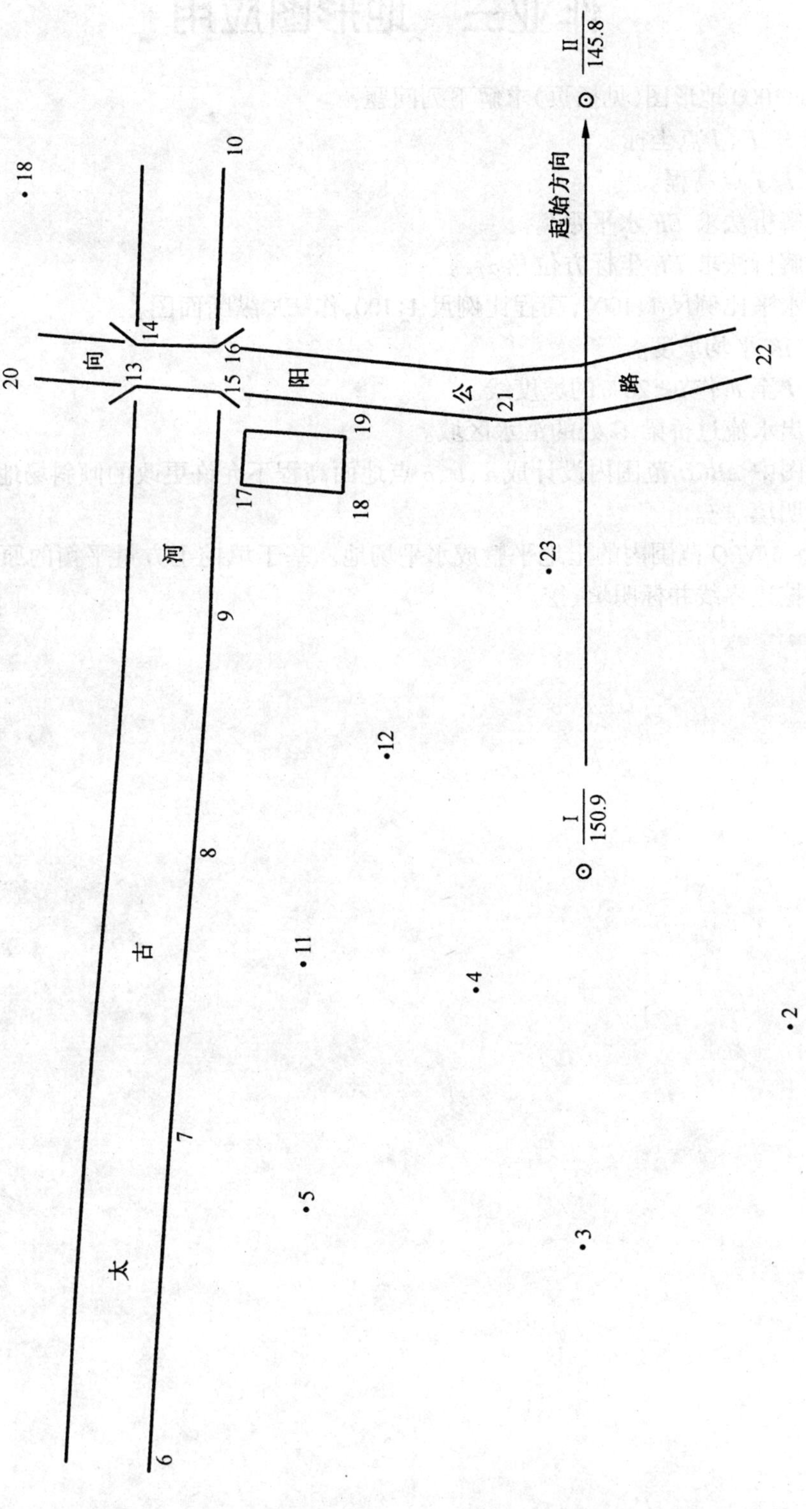

II
145.8
起始方向
I
150.9
太
古
河
向
阳
公
路
1
2
3
4
5
6
7
8
9
10
11
12
13
14
15
16
17
18
18
19
20
21
22
23

图 4　碎部测量草图

作业三　地形图应用

根据 1:1000 地形图(见插页)求解下列问题:

(1)求 E、F、J 点坐标。

(2)求 I、J 点高程。

(3)用解析法求 EF 水平距离。

(4)用解析法求 EF 坐标方位角 α_{EF}。

(5)按水平比例尺 1:1000,高程比例尺 1:100,作 EF 纵断面图。

(6)求 JK 平均坡度。

(7)由 I 至 F 作 $i \leqslant 20\%$ 的坡度线。

(8)绘出水流过桥梁 G 处的汇水区域。

(9)在图中 $ABCD$ 范围内设计成 a、b、c 点地面高程不允许更改的倾斜场地,确定填挖边界线,并标明填、挖。

(10)将 $MNPO$ 范围内的土地平整成水平场地。基于填挖土方量平衡的原则,求设计高程,绘出填挖边界线并标明填、挖。

附　　录

附表 1　闭合导线坐标计算答案(部分)

题号	角度闭合差	坐标增量闭合差		导线全长相对闭合差
	f_β	f_x	f_y	K
1	50″	-0.275	0.111	1/2 997
2	50″	-0.264	0.134	1/2 997
3	50″	-0.279	0.101	1/2 997
4	50″	-0.282	0.090	1/2 997
5	50″	-0.259	0.145	1/2 997
6	50″	-0.280	0.098	1/2 997
7	50″	-0.290	0.065	1/2 997
8	50″	-0.275	0.112	1/2 997
9	50″	-0.277	0.107	1/2 997
10	50″	-0.273	0.115	1/2 997
11	50″	-0.268	0.128	1/2 997
12	50″	-0.273	0.116	1/2 997
13	50″	-0.270	0.123	1/2 997
14	50″	-0.261	0.142	1/2 997
15	50″	-0.247	0.163	1/2 997
16	50″	-0.268	0.127	1/2 997
17	50″	-0.263	0.137	1/2 997
18	50″	-0.266	0.132	1/2 997
19	50″	-0.266	0.130	1/2 997
20	50″	-0.264	0.136	1/2 997
21	50″	-0.275	0.111	1/2 997
22	50″	-0.262	0.138	1/2 997
23	50″	-0.273	0.116	1/2 997
24	50″	-0.289	0.069	1/2 997
25	50″	-0.265	0.132	1/2 997

续附表 1

题号	角度闭合差 f_β	坐标增量闭合差 f_x	f_y	导线全长相对闭合差 K
26	50″	−0.285	0.083	1/2 997
27	50″	−0.290	0.062	1/2 997
28	50″	−0.282	0.093	1/2 997
29	50″	−0.283	0.090	1/2 997
30	50″	−0.281	0.095	1/2 997
31	50″	−0.272	0.119	1/2 997
32	50″	−0.257	0.147	1/2 997
33	50″	−0.274	0.114	1/2 997
34	50″	−0.267	0.129	1/2 997
35	50″	−0.256	0.149	1/2 997
36	50″	−0.271	0.119	1/2 997

附表 2　附合导线坐标计算答案(部分)

题号	角度闭合差 f_β	坐标增量闭合差 f_x	f_y	导线全长相对闭合差 K
1	40″	0.174 9	−0.049 5	1/2 729
2	40″	−0.046 5	−0.096 4	1/4 634
3	40″	0.065 5	0.124 8	1/3 520
4	40″	−0.157 9	0.107 6	1/2 596
5	40″	−0.117 2	−0.073 4	1/3 586
6	40″	−0.194 0	−0.054 2	1/2 463
7	40″	−0.143 6	0.0184 1	1/2 124
8	40″	−0.173 8	0.110 2	1/2 411
9	40″	−0.045 8	0.154 9	1/3 070
10	40″	0.211 4	−0.055 1	1/2 271
11	40″	0.056 2	0.204 7	1/2 338
12	40″	0.146 8	0.124 5	1/2 577
13	40″	−0.072 7	0.104 0	1/3 910

续附表 2

题号	角度闭合差 f_{β}	坐标增量闭合差 f_x	坐标增量闭合差 f_y	导线全长相对闭合差 K
14	40″	−0.113 1	0.043 8	1/4 089
15	40″	0.186 9	−0.115 7	1/2 257
16	40″	−0.162 1	0.114 0	1/2 503
17	40″	0.126 9	−0.176 1	1/2 286
18	40″	0.157 0	−0.095 7	1/2 698
19	40″	−0.182 3	0.136 7	1/2 177
20	40″	0.158 3	−0.101 5	1/2 638
21	40″	−0.117 2	0.178 0	1/2 327
22	40″	−0.147 7	0.098 3	1/2 797
23	40″	−0.172 5	0.052 4	1/2 753
24	40″	−0.162 2	0.132 6	1/2 368
25	40″	−0.142 7	0.091 7	1/2 924
26	40″	−0.167 3	0.103 1	1/2 525
27	40″	−0.105 8	0.178 0	1/2 395
28	40″	−0.141 8	0.164 3	1/2 286
29	40″	−0.086 7	0.131 5	1/3 150
30	40″	0.147 5	−0.097 9	1/2 803
31	40″	0.168 3	−0.128 1	1/2 346
32	40″	0.147 7	−0.087 8	1/2 888
33	40″	−0.152 5	0.085 7	1/2 836
34	40″	−0.092 3	−0.123 2	1/3 221
35	40″	0.128 1	−0.168 2	1/2 347
36	40″	−0.111 9	0.181 9	1/2 323
37	40″	0.118 8	−0.166 8	1/2 423
38	40″	0.168 6	−0.127 9	1/2 344

参 考 文 献

1 武汉测绘学院.测量学.北京:测绘出版社,1985
2 合肥工业大学,重庆建筑大学,哈尔滨建筑大学,清华大学合编.测量学.北京:中国建筑工业出版社,1994
3 顾孝烈,鲍峰.测量学实验.上海:同济大学出版社,1996
4 周忠谟,易杰军,周琪.GPS卫星测量原理与应用.北京:测绘出版社,1995
5 姬玉华,夏冬君.测量学.哈尔滨:哈尔滨工业大学出版社,2004